国家自然科学基金青年科学基金项目(11702095)
江西省杰出青年基金项目(2018ACB21024)
国家杰出青年科学基金项目(51725802)
国家自然科学基金-高铁联合基金项目(U1934208)
华东交通大学土木工程一流学科建设项目

非局部饱和孔隙介质弹性力学理论及其工程应用

童立红　徐长节　丁海滨　著

中国矿业大学出版社
·徐州·

内容提要

本书以经典饱和孔隙介质比奥特(Biot)动力学理论框架为基础，提出了非局部饱和孔隙介质动力学理论，修正了经典比奥特动力学理论中未能考虑孔隙尺寸效应影响的缺陷。基于该理论，全书系统介绍了饱和孔隙介质的动力响应特性，具体包括：波动特性、频散效应、表面波特性；同时，结合工程应用，对动载作用下隧道、路基、桩基的动力响应问题进行了深入研究。

本书可供岩土工程、隧道工程、桩基工程相关领域的研究人员和高等院校师生参考使用。

图书在版编目(CIP)数据

非局部饱和孔隙介质弹性力学理论及其工程应用/童立红，徐长节，丁海滨著．—徐州：中国矿业大学出版社，2021.9

ISBN 978-7-5646-5145-9

Ⅰ．①非… Ⅱ．①童… ②徐… ③丁… Ⅲ．①多孔介质—土动力学 Ⅳ．①TU435

中国版本图书馆CIP数据核字(2021)第195433号

书　　名　非局部饱和孔隙介质弹性力学理论及其工程应用
著　　者　童立红　徐长节　丁海滨
责任编辑　陈红梅
出版发行　中国矿业大学出版社有限责任公司
（江苏省徐州市解放南路　邮编221008）
营销热线　(0516)83884103　83885105
出版服务　(0516)83995789　83884920
网　　址　http://www.cumtp.com　**E-mail**:cumtpvip@cumtp.com
印　　刷　徐州中矿大印发科技有限公司
开　　本　787 mm×960 mm　1/16　**印张** 8.5　**字数** 162千字
版次印次　2021年9月第1版　2021年9月第1次印刷
定　　价　40.00元

前　言

饱和孔隙介质材料广泛存在于自然界中，而饱和孔隙介质动力理论的建立对饱和孔隙介质材料动力特性的研究具有重要的意义。例如，交通荷载下饱和土地基的动力响应问题、地震荷载下砂土液化问题以及循环动荷载下桩基的振动问题等。为此，国内外学者们对孔隙介质动力理论开展了广泛而深入的研究。

目前，应用最广泛的饱和孔隙介质动力理论是由比奥特(Biot)于1956年提出的，该理论具有形式简单、模型参数具有明确的物理意义、容易通过试验检测等优点，因而在各领域中得到了广泛的应用。Biot理论的提出为孔隙介质理论在各个领域的应用奠定了基础。然而，Biot理论建立的基础是基于诸多的假设，比如假设饱和介质中的波长远大于其孔隙尺寸。基于此，本书建立的非局部Biot理论考虑了孔隙尺寸效应对波传播特性的影响，并将该理论应用于几个简单的工程实例中。本书可作为从事饱和孔隙动力学研究的学者及相关工程人士的重要参考书。

本书主要由华东交通大学童立红副教授、徐长节教授、丁海滨博士所著。其中，本书的非局部Biot理论由童立红提出，并编写了第1章、第2章和第3章；第4章至第7章由童立红、丁海滨共同编写；徐长节统筹了全书的编写工作，并且对本书非局部Biot理论的工程应用进行了指导，同时还对全书的内容进行了审核。

本书的出版得到了国家自然科学基金青年科学基金项目(11702095)、江西省杰出青年基金项目(2018ACB21024)、国家杰出青年科学基金项目(51725802)、国家自然科学基金-高铁联合基金项目(U1934208)及华东交通大学土木工程一流学科建设项目的资助,在此深表感谢!

限于时间和著者水平,书中难免存在疏漏和不足之处,恳请广大读者批评指正。

著者

2021年9月

目　录

第1章 绪 论

1.1 Biot 孔隙动力理论简介

孔隙介质在自然界中无处不在，并且孔隙介质在岩土工程、材料工程及生物工程等领域具有广泛的应用。然而，孔隙介质的动力响应问题在工程中非常重要，如移动荷载下路基的动力应变、地震荷载下地下结构的动力响应及动荷载下结构桩基的动力响应问题等，因而岩土工程中饱和土介质的动力特性备受学者及工程人员关注。1944 年，弗兰克尔(Frenkel)[1]对饱和孔隙介质动力特性进行了研究，用以探究弹性波在饱和土中传播所产生的震电现象，但其理论得出饱和土中的第二种波存在很大的阻尼，并且在实际工程中不存在。

随后，比奥特(Biot)[2-3]在 Frenkel 研究的基础上，引入了频域范围更广的毛细管流动概念模型，从而巩固了饱和土中动力特性的理论研究框架，并且详细讨论了第二类纵波在饱和孔隙介质中的传播及由于流体黏滞耗散作用引起的衰减问题。随后，Biot 理论统一了上述理论模型，并且用于研究饱和孔隙介质的变形和声波传播的问题，从而成为饱和孔隙介质波动理论研究基础。Biot理论提出流体的黏滞性是导致弹性波在孔隙介质传播过程中衰减的主要因素。与均匀各向同性弹性体相比，Biot 理论多出来的两个弹性常数用来描述流体的弹性和流体与固体骨架间的弹性相互作用。该理论模型基于变分原理，将两个相互耦合的矢量方程分别用于描述对应的固体骨架和流体的运动。从物理角度来说，Biot 理论最成功之处在于预测了含流体的孔隙介质中存在三种体波：第一压缩波(P1 波)、第二压缩波(P2 波)和剪切波(S 波)。普洛纳(Plona)[4]第一次在试验中观察到这三种体波的存在，从而证实了 Biot 理论的预测结果。

继 Biot 之后，国内外很多学者从不同的角度对饱和孔隙介质波传导问题进行了研究。门福录[5-6]和陈龙珠等[7]曾做过简化的近似分析，并试图给出饱和土中弹性波速度的实用公式，以弥补 Biot 理论参数物理意义不明显的缺陷。总之，Biot 理论由于其简单以及易于理解的形式而在工程中得到广泛的应用。

1.2 Biot 孔隙动力理论工程应用

Biot 孔隙动力理论在岩土工程、材料工程及生物工程等领域中均得到了广泛的应用。一方面，在研究岩土工程动力问题中占据着主导地位；另一方面，在岩土工程中的应用主要涉及的领域有砂土液化、地下结构的动力响应、饱和土地基中的隔振、列车荷载下地基动力响应、饱和土地基的动力固结及桩基动力响应等。同时，基于 Biot 孔隙动力理论，可求解饱和土介质中的瑞利(Rayleigh)波，分析 Rayleigh 波对地下结构的影响。结合本书后续章节的内容，本节主要阐述 Biot 孔隙动力理论在饱和土中 Rayleigh 波传播问题，地震荷载下隧道动力响应问题，移动荷载下饱和土地基的动力响应问题以及桩基的动力响应问题中的应用。

1.2.1 饱和土中 Rayleigh 问题

Rayleigh[8]研究弹性半空间波传播特性时发现了一种不同于体波的表面波，该波的能量主要集中于介质的表面，并且随介质深度方向迅速衰减，后人称之为 Rayleigh 波。研究表明，Rayleigh 波是由 P 波和 SV 波相互作用产生的，是地震波的重要组成部分。随着经典 Biot 理论的建立，国内外许多学者对介质中的 Rayleigh 波展开了研究。

约翰(John)[9]忽略了 Biot 理论中惯性项，求解了饱和孔隙弹性介质中 Rayleigh 波波速，并讨论了其影响因素。塔杰丁(Tajuddin)[10]基于 Biot 理论，考虑饱和介质中的 P 波及 SV 波的耦合作用，求解了地表的 Rayleigh 波，给出了地表透水及不透水工况下 Rayleigh 波的特征方程。海瑞(Hirai)[11]采用有限元数值法求解了饱和土介质中 Rayleigh 波，认为渗透系数对 Rayleigh 波的衰减及位移分布有显著的影响。Z. F. Liu 等[12]对饱和土介质中 Rayleigh 波的衰减为题展开了研究。陈龙珠等[13]分析了 Rayleigh 波传播速度及其衰减随振动频率、土渗透系数等因素的变化规律。沙玛(Sharma)[14]给出了各项异性饱和土介质中 Rayleigh 波的特征方程。F. Liu 等[15]基于 Biot 理论研究了正交各向异性介质中 Rayleigh 波的传播特性，并发现了一些不同于在各向同性介质中的特性。J. Yang[16]基于 Biot 理论首次研究了饱和土的饱和状态对 Rayleigh 波速的影响及饱和度对 Rayleigh 波位移的影响。F. Zhou 等[17]假定饱和土介质的剪切模量随深度方向呈指数分布，利用摄动法研究了饱和非均匀介质中 Rayleigh 波的波速。Y. Zhang 等[18]研究了透水、不透水及部分透水边界下 Rayleigh 波的耗散特性。随后，Y. Zhang 等[19]研究了等效黏弹性模型的 Rayleigh 波波速解，分析了波的传播特性。柏斯克斯(Beskos)等[20]采用赫姆霍兹(Helmholtz)分解定理求解了半空间中饱和土和弹性单相介质中 Rayleigh 波波速及其衰减的解析解。Z. J. Dai 等[21]基于 Biot 理论，研究了 Rayleigh 波的传播耗散特性，认为 Rayleigh波的波速通常比纵波和剪切波的波速都要小，但是比慢纵波要大。W. Chen等[22]采用混合理论，研究了固体-水-气三相非饱和介质中 Rayleigh 波和洛夫(Love)波的传播问题及衰减问题，研究结果显示，非饱和土中存在与三种体波对应的三种 Rayleigh 波。夏唐代等[23]推导了饱和土中 Rayleigh 波波速的弥散特性以及位移和孔压分布情况。刘志军[24]对自由透水、自由不透水、刚性透水和刚性不透水条件下 Rayleigh 波的传播特性展开了研究，对比了不同透水条件下 Rayleigh 波的传播特性。冯小娟等[25]研究了饱和土中 Rayleigh 波作用下桩的动力响应问题。周新民等[26]基于 Biot 理论，推导了准饱和土中透水及不透水两种边界条件下 Rayleigh 波的特征方程，分析了饱和土对波速、位移、能流分布的影响。徐平等[27]将水-气等价为均匀流体，研究饱和度对 Rayleigh 波传播特性的影响。陆建飞等[28]研究了频域内饱和半空间中单桩在 Rayleigh 波作用下的动力响应问题。阿肯巴克(Achenbach)等[29]对饱和土中裂纹对 Rayleigh波的散射问题展开了研究。C. Wang 等[30]研究了均匀各向同性弹性半空间中近地表裂纹对 Rayleigh 波散射问题。X. Pu 等[31]研究了地面超材料对 Rayleigh 波作用下地表面的减震问题。

以上研究都是 Biot 孔隙动力理论在求解饱和土中 Rayleigh 波问题中的应用，目前，关于饱和孔隙介质中表面波的研究大都是以 Biot 模型为基础。地震波传播过程中 Rayleigh 波能量占主导地位，危害性极大。研究 Rayleigh 波一方面可为地质雷达的设计提供参考，另一方面也可为表面隔振设计提供理论基础。

1.2.2 隧道动力响应中的应用

相对于地上结构而言，地下结构的抗震效果更好。但是，从目前已经发生的一些大地震(日本阪神地震和汶川大地震)可发现，在强震作用下隧道及其他地下结构同样会遭受严重的破坏，如图 1-1 所示。从图中可以看出，阪神地震过后，日本大开车站主体结构发生严重破坏；同时，汶川地震也造成了隧道衬砌发生开裂、部分衬砌脱落，甚至出现隧道塌陷的情况。地震对地下结构的危害应引起足够的重视，并且地下结构一旦损坏，修复起来极为困难。因此，地下结构的抗震问题一直受到学者们的广泛关注。

陆建飞等[32]基于 Biot 多孔介质理论，采用复变函数方法，求解了饱和土中任意形状空洞对弹性波的散射问题。卡瑞斯琪(Karinski)等[33]基于 Biot 理

(a) 日本阪神地震后大开车站

(b) 汶川大地震后龙溪隧道

图 1-1 地震造成地铁站和隧道结构破坏图

论，采用傅里叶(Fourier)变换求解了饱和孔隙介质中圆柱形衬砌对平面简谐波的散射问题。李伟华等[34]基于 Biot 理论，采用拉普拉斯(Laplace)变换和波函数展开法求解了 P 波入射下饱和土中深埋圆形衬砌的动应力响应问题，并分析了衬砌厚度以及刚度对衬砌内边界动应力集中因子的影响。胡亚元等[35]考虑了土颗粒压缩和固液两相介质的黏滞作用，推导出饱和土中平面波在圆柱体上的散射及折射的理论解。卡特米瑞(Catmiri)等[36]研究了饱和土中深埋圆形洞室的动应力响应问题，并分析了入射波波数、饱和土介质剪切模量、渗流系数等因素下洞室应力、孔隙水压力和位移变化规律。周香莲等[37]基于 Biot 理论，采用复变函数法求解了饱和土中深埋圆柱形衬砌动力响应问题，得出了饱和土的位移、应力和孔隙水压力的表达式以及衬砌结构的应力和位移表达式，并分析了波数和衬砌厚度对衬砌内动应力集中因子的影响。W. H. Li 等[38]基于 Biot 饱和多孔介质理论，采用 Laplace 变换和波函数展开法推导出饱和土中圆柱形衬砌对瞬态 SH 波散射问题的解析解，分析了衬砌刚度和厚度对动应力集中因子的影响。卡提斯(Kattis)等[39]从经典 Biot 出发，推导出全空间饱和土中隧道对简谐波的散射解，并分析了无衬砌和有衬砌两种情况对隧道动应力集中的影响。哈森明笛(Hasheminejad)等[40]建立了饱和土中深埋双线隧道在地震波入射下的三维计算模型，并分析了入射角及入射波频率对隧道环向及轴向应力的影响。李伟华等[41]首次建立了求解饱和半空间中圆柱形空洞对平面 P 波散射问题的波函数展开法，分析了入射波频率和入射角对圆柱面动应力集中因子的影响。丁光亚等[42]引入与实际工程更相符的半透水边界条件，得出半空间饱和土中半渗透柱形壳体对平面 P 波的级数解答，并分析了入射波频率和入射角对动应力集中因子的影响。P. Xu 等[43]通过引入大圆弧假定研究了入射 P 波和入射 SV 波作用下饱和多孔介质中浅埋双线圆形衬砌动应力响应问题，并分析了入射波频率和衬砌厚度等因素对动应力集中因子的影响。L. F. Jiang 等[44]以 Biot 孔隙弹性理论为基础，求解了直角坐标系下饱和半空间中圆形衬砌对弹性波散射的解析解。Z. Liu 等[45]采用间接边界积分方程法求解了饱和半空间中圆形衬砌对入射 P_1 波散射问题，认为衬砌应力与饱和土孔隙率、入射波频率、入射角和隧道埋深有关。刘中宪等[46]基于 Biot 两相介质理论，利用高精度积分法研究了饱和半空间中隧道衬砌对 SV 散射的解析解。

上述关于隧道衬砌的动力响应研究是将隧道简化成圆形结构，但现有的研究已经不再局限于均匀结构，对一些非均匀地下结构的动力响应问题，已有学者做了相关的研究，感兴趣的读者可查阅相关文献。

1.2.3 移动荷载下饱和土介质动力响应研究

目前，我国高速铁路运营里程已超过 3.8 万千米，形成了世界上最长的高速铁路网。高速列车安全、舒适、平稳运行成为高铁建设最基本也是最重要的目标，铁路地基是整个线路设备的基础，随着列车速度的不断提高，系统动力加强，轨下地基对整个系统的影响日益突出，如在瑞典莱德斯加（Ledsgard）地区对高速列车 X2000 的实测表明，高速列车荷载下轨道可产生危及列车运行安全的过大振动。高速移动荷载作用下地基的动力响应分析是控制高速列车线路系统中地下基础动力变形的关键和核心。

早期，人们通常将土体假设为单相弹性介质或黏弹性介质。斯内登（Sneddon）[47]最早采用积分变换法研究了移动荷载作用下弹性半空间的稳态响应。之后，科斯（Coth）等[48]学者做了类似的研究。伊森（Eason）[49]利用双重 Fourier 变换法研究了匀速移动荷载作用下，均质三维弹性半空间问题。佩顿（Payton）[50]研究了匀速移动线荷载作用下弹性半空间的动力响应问题。M. H. Huang 等[51]研究了移动点荷载作用下弹性地基上板结构的动力响应。F. Guan 等[52]提出了弹性均质半空间在骤然施加的矩形荷载作用下的瞬态响应的近似解。勒夫威（Lefeuve）等[53-54]将土体模拟成弹性半空间，研究了高速移动简谐荷载作用点附近的振动问题，且从理论上分析了高速移动矩形荷载作用下振动在地表的传播。拉斯马森（Rasmussen）[55]利用格林函数建立了时域边界元法，分析了各向同性弹性介质中的移动荷载响应问题。X. Sheng 等[56-59]利用离散波数法研究了简谐荷载作用下土体的动力响应。曹彩芹等[60]将移动单元法引入到弹性土介质的半解析方法中，分析了荷载移动速度、地基阻尼等参数对地基动力响应的影响。李佳等[61]将轨道简化成铺设在横观各向同性地基上的欧拉（Euler）梁，利用 2.5 维有限元方法，从横观各向同性土体弹性本构方程出发，推导出横观各向同性土体 2.5 维有限元弹性波动方程。周凤玺等[62]基于线弹性动力学理论，结合坐标变换，建立了移动荷载作用下非均匀弹性半平面地基的动力控制方程；利用半解析法研究了移动荷载作用下二维非均匀地基的动力响应问题。

在实际工程中，地基多由固体和流体等共同组成，属于两相或多相孔隙介质。基于Biot孔隙介质理论，国内外很多学者对饱和土体的动力响应问题进行了研究。森琼迪凯(Senjuntichai)等[63]利用精准刚度法研究了半空间内层状饱和土体的准静态响应。悉达多汉森(Siddharthan)等[64]基于Biot理论，提出了一种计算效率更高的半解析法来研究平面应变条件下饱和土体在移动荷载作用下的动力响应。孙宏磊等[65]利用Fourier变换法对移动列车荷载作用下铁路系统和半空间内饱和土体的动力响应问题进行了研究。B. Xu等[66]利用传递反射矩阵法研究了移动荷载作用下层状饱和土体的动力响应问题。基于Betti-Rayleigh倒易定理，Y. M. Cao等[67]给出了饱和土体动力响应的解析解。西奥多拉科普洛斯(Theodorakopoulos)等[68-69]采用Fourier级数展开法，给出了地基表面作用矩形移动荷载时，位移、孔压沿深度方向的分布曲线，并研究了与流体相关的土体参数对动力响应的影响；J. F. Lu等[70-71]利用Fourier变换法结合数值分析法，研究了移动点荷载及移动环形荷载作用下饱和土体的动力响应问题，认为移动荷载对饱和土体的动力响应的影响非常复杂；蔡袁强等[72]利用相同的方法求解了移动矩形荷载作用下半空间内饱和土体动力响应的稳态解；袁宗浩等[73]将隧道简化成无限长的欧拉梁，研究了平面应变条件下饱和土中埋置移动点荷载的动力响应问题，并根据体系的频散曲线研究了地下移动荷载的临界速度；B. Jin等[74]研究了匀速移动线荷载作用下，半空间内饱和土体的动力响应和超孔隙水压力响应。

列车荷载下路基的动力响应及长期沉降预测问题一直以来是工程中的难题。目前，许多学者提出了各种模型来预测路基的长期沉降，但效果都不是很好。如何构建一个能准确预测路基长期沉降的模型，该问题仍然是今后学者们研究的重点。

1.2.4 桩基动力响应研究

桩基振动理论研究的是各类动力荷载作用下桩土系统的动力响应问题，其研究内容按求解域的不同可分为频域和时域分析两部分。桩基振动理论早期的研究大多在频域中展开，主要研究简谐荷载作用下桩土系统的稳态振动特性，其研究内容又可分为两部分：一是低频范围内桩土系统的固有频率问题和桩土系统物理参数对土层阻抗因子和桩基复阻抗的影响，以指导桩基动力设计；二是在较宽的频带下研究桩土系统参数对桩顶复阻抗和速度导纳曲线振荡规律的影响，为机械阻抗法测桩提供理论依据。桩基振动理论时域分析研究的是任意瞬态激励下桩基的动力响应，主要研究内容包括：弹性波在桩身内的传播和弥散规律。该研究对桥墩和海上平台这类经常承受瞬态冲击荷载的建(构)筑物的动力基础设计来说至关重要,同时也为正确分析反射波法试桩曲线提供了理论依据和工程参考价值。

王奎华等[75]用单个Voigt体表示桩侧土对桩身的阻抗作用,首次推导了有限长桩稳态振动及瞬态动力响应的解析解。胡安峰等[76]进一步推导了黏弹性地基中桩基的横向动力响应解析解。诺加米(Nogami)等[77-78]较早地采用了连续介质模型来研究桩与土的动力相互作用问题,并分别推导了竖向或水平振动下线性黏弹性滞回材料阻尼土的振动阻抗因子和桩顶复阻抗的闭合解。李强等[79]利用Biot理论建立了饱和两相土中桩基纵向振动理论模型,研究了均质和成层饱和地基中桩基的纵向振动特性,并通过引入瑞利-乐甫(Rayleigh-Love)杆件理论来修正一维杆件理论在大直径桩中的误差。张智卿[80]利用Biot理论研究了饱和土中桩基的扭转振动特性,并将土体模型进一步扩展到径向非均质和横观各向同性的情况。Z. Li等[81]利用LCA冻土模型研究了饱和冻土中端承桩竖向振动问题,通过Helmholtz分解和频域变分法推导了桩顶动力响应解析解。Z. Li等[82]研究了径向非均质土与径向和竖向双向非均质土中管桩的扭转振动特性。N. Wang等[83]通过非局部Biot理论来考虑饱和土体的孔隙尺寸和孔隙动力效应,研究了非局部参数对桩基竖向振动特性的影响。诺瓦克(Novak)等[84]研究了埋置基础的水平、摇摆与扭转耦合振动问题。1974年,Novak将平面应变模型应用于桩基振动,并且研究了水平、竖向和扭转振动模式下桩顶的动刚度和动阻尼。Novak等[85]对平面应变模型进行了扩展和完善,推导了竖向、水平和扭转振动模式下土层的复阻抗。郑长杰等[86]研究了饱和土中现浇大直径管桩的竖向振动阻抗。刘林超等[87]和闫启方等[88]则基于波尔多孔介质理论,研究了薄层法假设下桩基的纵向和扭转振动特性。王奎华等[89]将桩周水泥土视为径向非均质的土层,利用平面应变模型研究了静钻根植竹节桩的纵向振动特性。

桩基础因其承载力高、差异沉降小、稳定性好和抗震能力强等优势,已广泛应用于高层建筑、桥梁、工业厂房、港口、码头及近海平台等各类重要建(构)筑物的基础工程中。因此,研究动力荷载作用下桩基的振动特性对桩基的动力设计和各种动态测试方法都具有十分重要的理论意义及工程应用价值。

1.3 Biot理论的不足

经典的Biot理论考虑了土骨架颗粒和液体之间的相互耦合作用,更加接近饱和土体的实际物理特性,因而在路基的动力特性研究中得到了普遍的应用。

但是，经典的 Biot 理论只是将孔隙率作为影响饱和孔隙介质力学性质的因素，却忽略了孔隙尺寸效应对饱和孔隙介质中动力特性的影响。如图 1-2(a)所示，相同的固体骨架和液相形成的饱和孔隙介质，如果孔隙率相同，那么由经典 Biot 理论预测的波动特性是相同的。另外，经典 Biot 理论中，没有考虑饱和孔隙介质在受到外部振动载荷作用时，孔隙的周期性膨胀和收缩引起的惯性力作用，即忽略了孔隙动力效应对饱和孔隙介质动力响应的影响，如图 1-2(b)所示。实际上，李(Lee)等[90]通过实验发现波的频率在 0.3～1.0 MHz 范围内时，其传播呈现显著的负色散关系，而 Biot 理论的预测在此频率范围内并不存在色散现象。这是由于高频情况下 Biot 理论所假设的波长远大于孔隙尺寸已不再成立，此时孔隙介质中孔隙尺寸的大小对波的特性影响较为显著。

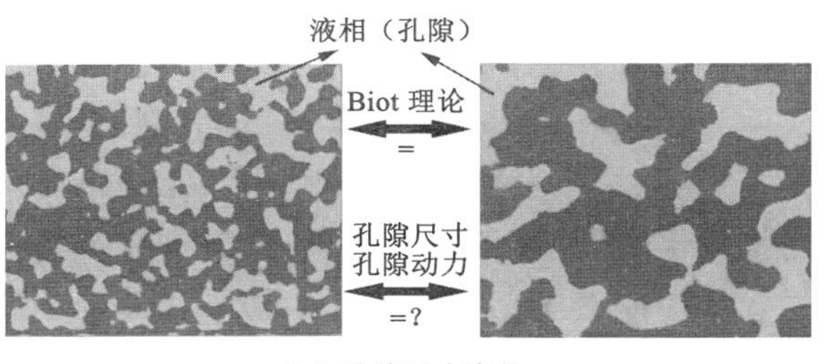

(a) 孔隙尺寸效应

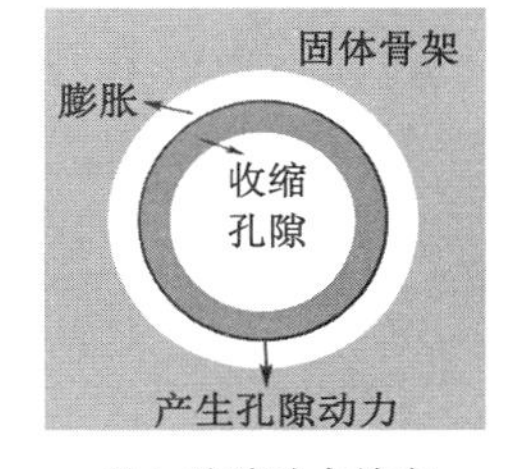

(b) 孔隙动力效应

图 1-2　孔隙尺寸效应和孔隙动力效应示意图

图 1-2(a)左右两个模型的孔隙率相同，但孔隙尺寸不同。根据 Biot 理论可知，这两种模型介质的波特性是相同的，如果考虑孔隙尺寸效应和孔隙动力效应，那么这两种模型介质波特性不同。

1.4　非局部弹性理论简介

非局部弹性理论(nonlocal elastic theory)是 20 世纪 70 年代埃林根(Eringen)等[91]建立的，并且他们做了系统的研究。一般非局部理论认为，如果平衡定律对整个物体成立，对物体的每个小部分却未必成立；即使成立，亦即平衡定律对物体的每部分具有与整体相同的形式，但形式相同的定律却未必能应用完全相同的函数。换言之，物体在物质点 x 和时间 t 的状态不能仅由(x,t)处的状态变量完全确定，还与其他物质点 $x_1,x_2,\cdots,x_n$ 及其他历史时间 $t_1,t_2,\cdots,t_n(t_n\leqslant t)$都有关系。由此可见，非局部理论要求的经典平衡定律只能对整个物体成立，而不能对物体的任意一个小的组成部分成立。事实上，非局部理论将分子间作用力是长程力的思想引入连续介质力学中。如图 1-3 所示，从本构上提出的物质点是全局耦合的机理，这种全局耦合机理自然地考虑了饱和孔隙介质中固液耦合作用，因此有望预测和解释孔隙尺寸效应对饱和孔隙介质波特性的影响。Eringen 等[91]提出的非局部弹性理论的本构方程，即：

$$\sigma_{kl}=\lambda_0\varepsilon_{rr}\delta_{kl}+2\mu_0\varepsilon_{kl}+\int_\Omega[\lambda'(|x-x'|)\varepsilon_{rr}(x')\delta_{kl}+2\mu'(|x-x'|)\varepsilon_{kl}(x')]\mathrm{d}V(x') \tag{1-1}$$

式中，σ_{kl}为非局部应力张量；λ_0和μ_0分别为局部拉梅(Lamé)常数；λ'和μ'分别为非局部核函数，用以描述各不同位置的应变对某一指定位置之应力的影响；ε_{kl}为应变张量；V为体积；δ_{kl}为克罗内克(Kronecker)参数；x为所考察点到坐标原点的矢径；x'为对所考察点有影响的其他点到原点的矢径。

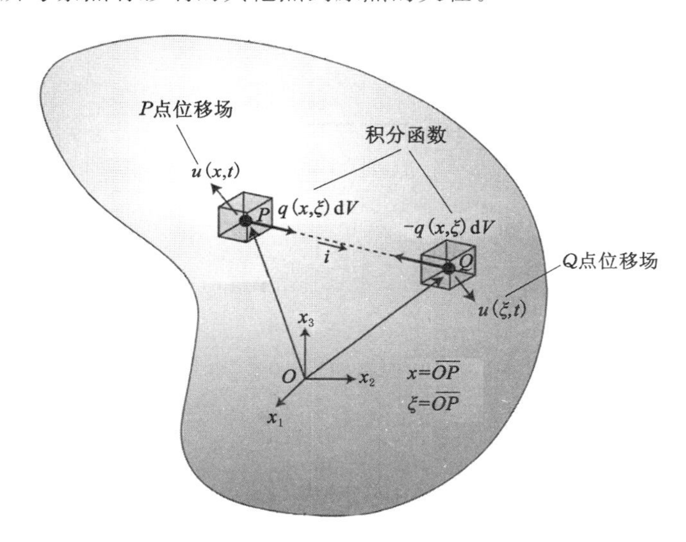

图 1-3 非局部弹性力学下介质中第 i 个质点对 P、Q 点的相互作用

1.5 本书主要研究内容

本书针对 Biot 理论在高频情况下预测不准的问题，提出了非局部 Biot 理论，并将该理论应用于各类工程问题的分析中。本书将从以下几个方面介绍非局部饱和孔隙介质理论及其工程应用：

(1) 基于经典 Biot 理论和非局部弹性理论，构建考虑孔隙尺寸效应的非局部 Biot 理论，并且研究非局部参数对饱和土中波传播特性的影响。根据所提出的理论，进一步求解饱和土中的表面波，分析非局部参数对表面波传播特性的影响。

（2）基于非局部 Biot 理论，探究地震波作用下隧道衬砌的动力响应问题，讨论孔隙尺寸效应对衬砌动力应力集中的影响，分析孔隙尺寸效应影响衬砌动力的机理。

（3）构建移动荷载作用下饱和土地基动力响应计算的动力模型，研究孔隙尺寸效应对移动荷载所引起的饱和土地基的影响。

（4）将非局部 Biot 理论应用于桩基的动力问题中，研究动荷载下非局部参数对桩基动力响应的影响。

本章参考文献

[1] FRENKEL J. On the theory of seismic and seismoelectric phenomena in a moist soil[J]. Journal of engineering mechanics,2005,131(9):879-887.

[2] BIOT M A. Theory of propagation of elastic waves in a fluid-saturated porous solid. II. higher frequency range[J]. The journal of the acoustical society of America,1956,28(2):179-191.

[3] BIOT M A. Mechanics of deformation and acoustic propagation in porous media[J]. Journal of applied physics,1962,33(4):1482-1498.

[4] PLONA T J. Observation of a second bulk compressional wave in a porous medium at ultrasonic frequencies[J]. Applied physics letters,1980,36(4):259-261.

[5] 门福录. 波在饱含流体的孔隙介质中的传播问题[J]. 地球物理学报,1981,24(1):65-76.

[6] MEN F L. One dimensional wave propagation in fluid-saturated porous elastic media[J]. Acta mathematica scientia,1984,4(4):441-450.

[7] 陈龙珠,吴世明,曾国熙. 弹性波在饱和土层中的传播[J]. 力学学报,1987,19(3):276-283.

[8] RAYLEIGH L. On waves propagated along the plane surface of an elastic solid[J]. Proceedings of the London mathematical society,1885,(1):4-11.

[9] JONES J P. Rayleigh waves in a porous, elastic, saturated solid[J]. The journal of the acoustical society of America,1961,33(7):959-962.

[10] TAJUDDIN M. Rayleigh waves in a poroelastic half-space[J]. The journal of the acoustical society of America,1984,75(3):682-684.

[11] HIRAI H. Analysis of Rayleigh waves in saturated porous elastic media by finite element method[J]. Soil dynamics and earthquake engineering, 1992,11(6):311-326.

[12] LIU Z F,DE BOER R. Dispersion and attenuation of surface waves in a fluid-saturated porous medium[J]. Transport in porous media, 1997, 29(2):207-223.

[13] 陈龙珠,黄秋菊,夏唐代. 饱和地基中瑞利波的弥散特性[J]. 岩土工程学报,1998,20(3):6-9.

[14] SHARMA M D. Surface waves in a general anisotropic poroelastic solid half-space[J]. Geophysical journal international,2004,159(2):703-710.

[15] LIU K,LIU Y. Propagation characteristic of Rayleigh waves in orthotropic fluid-saturated porous media[J]. Journal of sound and vibration,2004, 271(1/2):1-13.

[16] YANG J. Rayleigh surface waves in an idealised partially saturated soil [J]. Géotechnique,2005,55(5):409-414.

[17] ZHOU F X,MA Q. Propagation of Rayleigh waves in fluid-saturated nonhomogeneous soils with the graded solid skeleton distribution[J]. International journal for numerical and analytical methods in geomechanics, 2016,40(11):1513-1530.

[18] ZHANG Y,XU Y X,XIA J H. Analysis of dispersion and attenuation of surface waves in poroelastic media in the exploration-seismic frequency band[J]. Geophysical journal international,2011,187(2):871-888.

[19] ZHANG Y, XU Y X, XIA J H, et al. On effective characteristic of Rayleigh surface wave propagation in porous fluid-saturated media at low frequencies[J]. Soil dynamics and earthquake engineering, 2014, 57: 94-103.

[20] BESKOS D E, PAPADAKIS C N, WOO H S. Dynamics of saturated rocks. III: Rayleigh waves[J]. Journal of engineering mechanics, 1989, 115(5):1017-1034.

[21] DAI Z J,KUANG Z B,ZHAO S X. Rayleigh waves in a double porosity half-space[J]. Journal of sound and vibration,2006,298(1/2):319-332.

[22] CHEN W Y,XIA T D,HU W T. A mixture theory analysis for the surface-wave propagation in an unsaturated porous medium[J]. International journal of solids and structures,2011,48(16/17):2402-2412.

[23] 夏唐代，颜可珍，孙鸣宇. 饱和土层中瑞利波的传播特性[J]. 水利学报，2004，35(11)：81-84.

[24] 刘志军. 双相多孔介质中波传播特性及相关问题研究[D]. 杭州：浙江大学，2015.

[25] 冯小娟，黄义，吴炳军. 饱和土中桩对瑞利波的动力响应[J]. 地震研究，2007，30(1)：64-71.

[26] 周新民，夏唐代. 半空间准饱和土中瑞利波的传播特性研究[J]. 岩土工程学报，2007，29(5)：750-754.

[27] 徐平，夏唐代. 饱和度对准饱和土体中瑞利波传播特性的影响[J]. 振动与冲击，2008，27(4)：10-13.

[28] 陆建飞，聂卫东. 饱和土中单桩在瑞利波作用下的动力响应[J]. 岩土工程学报，2008，30(2)：225-231.

[29] ACHENBACH J D，BRIND R J. Scattering of surface waves by a sub-surface crack[J]. Journal of sound and vibration，1981，76(1)：43-56.

[30] WANG C Y，BALOGUN O，ACHENBACH J D. Scattering of a Rayleigh wave by a near surface crack which is normal to the free surface[J]. International journal of engineering science，2019，145：103162.

[31] PU X B，PALERMO A，CHENG Z B，et al. Seismic metasurfaces on porous layered media：Surface resonators and fluid-solid interaction effects on the propagation of Rayleigh waves[J]. International journal of engineering science，2020，154：103347.

[32] 陆建飞，王建华. 饱和土中的任意形状孔洞对弹性波的散射[J]. 力学学报，2002，34(6)：904-913.

[33] KARINSKI Y S，SHERSHNEV V V，YANKELEVSKY D Z. Analytical solution of the harmonic waves diffraction by a cylindrical lined cavity in poroelastic saturated medium[J]. International journal for numerical and analytical methods in geomechanics，2007，31(5)：667-689.

[34] 李伟华，张钊. 饱和土中深埋圆柱形衬砌洞室对瞬态平面波的散射[J]. 地球物理学报，2013，56(1)：325-334.

[35] 胡亚元，王立忠，陈云敏，等. 饱和土中平面应变波在圆柱体上的散射和折射[J]. 地震学报，1998，20(3)：300-307.

[36] GATMIRI B，ESLAMI H. Scattering of harmonic waves by a circular cavity in a porous medium：complex functions theory approach[J]. International journal of geomechanics，2007，7(5)：371-381.

[37] 周香莲,周光明,王建华.饱和土中圆形衬砌结构对弹性波的散射[J].岩石力学与工程学报,2005,24(9):1572-1576.

[38] LI W H,ZHANG Z. The scattering of transient plane SH waves by deep buried cylindrical lined cavity in saturated soil[C]//Sixth China-Japan-US Trilateral Symposium on Lifeline Earthquake Engineering. May 28-June 1,2013, Chengdu, China. Reston, VA, USA: American Society of Civil Engineers,2013:361-368.

[39] KATTIS S E,BESKOS D E,CHENG A H D. 2D dynamic response of unlined and lined tunnels in poroelastic soil to harmonic body waves[J]. Earthquake engineering and structural dynamics,2003,32(1):97-110.

[40] HASHEMINEJAD S M, AVAZMOHAMMADI R. Dynamic stress concentrations in lined twin tunnels within fluid-saturated soil[J]. Journal of engineering mechanics,2008,134(7):542-554.

[41] 李伟华,赵成刚.饱和土半空间中圆柱形孔洞对平面P波的散射[J].岩土力学,2004,25(12):1867-1872.

[42] 丁光亚,蔡袁强,徐长节.半空间饱和土中圆形壳结构对平面P波的散射[J].工程力学,2008,25(12):35-41.

[43] XU P, XIA T D, HAN T C. Scattering of elastic wave by a cylindrical shell embedded in saturated soils[J]. Acta seismological sinica, 2006, 28(2): 183-189.

[44] JIANG L F,ZHOU X L,WANG J H. Scattering of a plane wave by a lined cylindrical cavity in a poroelastic half-plane[J]. Computers and geotechnics,2009,36(5):773-786.

[45] LIU Z X,JU X,WU C Q,et al. Scattering of plane P1 waves and dynamic stress concentration by a lined tunnel in a fluid-saturated poroelastic half-space[J]. Tunnelling and underground space technology,2017,67:71-84.

[46] 刘中宪,琚鑫,梁建文.饱和半空间中隧道衬砌对平面SV波的散射IBIEM求解[J].岩土工程学报,2015,37(9):1599-1612.

[47] SNEDDON I N. Fourier transforms [M]. New York:McGraw-Hill, 1951.

[48] COLE J,HUTH J. Stresses produced in a half plane by moving loads[J]. Journal of applied mechanics,1958,25(4):433-436.

[49] EASON G. The stresses produced in a semi-infinite solid by a moving surface force[J]. International journal of engineering science,1965,2(6):581-609.

[50] PAYTON R G. Transient motion of an elastic half-space due to a moving surface line load[J]. International journal of engineering science, 1967, 5(1):49-79.

[51] HUANG M H, THAMBIRATNAM D P. Dynamic response of plates on elastic foundation to moving loads[J]. Journal of engineering mechanics, 2002, 128(9):1016-1022.

[52] GUAN F, NOVAK M. Transient response of an elastic homogeneous half-space to suddenly applied rectangular loading[J]. Journal of applied mechanics, 1994, 61(2):256-263.

[53] LEFEUVE-MESGOUEZ G, LE HOUéDEC D, PEPLOW A T. Ground vibration in the vicinity of a high-speed moving harmonic strip load[J]. Journal of sound and vibration, 2000, 231(5):1289-1309.

[54] LEFEUVE-MESGOUEZ G, PEPLOW A T, LE HOUéDEC D. Surface vibration due to a sequence of high speed moving harmonic rectangular loads[J]. Soil dynamics and earthquake engineering, 2002, 22(6):459-473.

[55] RASMUSSEN K M, NIELSEN S R K, KIRKEGAARD P H. Boundary element method solution in the time domain for a moving time-dependent force[J]. Computers and structures, 2001, 79(7):691-701.

[56] SHENG X, JONES C J C, PETYT M. Ground vibration generated by a harmonic load acting on a railway track[J]. Journal of sound and vibration, 1999, 225(1):3-28.

[57] SHENG X, JONES C J C, PETYT M. Ground vibration generated by a load moving along a railway track[J]. Journal of sound and vibration, 1999, 228(1):129-156.

[58] SHENG X, JONES C J C, THOMPSON D J. A comparison of a theoretical model for quasi-statically and dynamically induced environmental vibration from trains with measurements[J]. Journal of sound and vibration, 2003, 267(3):621-635.

[59] SHENG X, JONES C J C, THOMPSON D J. A theoretical study on the influence of the track on train-induced ground vibration[J]. Journal of sound and vibration, 2004, 272(3/4/5):909-936.

[60] 曹彩芹，黄义，孔旭光. 简谐移动荷载下单相弹性地基三维动力半解析移动单元分析[J]. 应用力学学报，2012，29(5):523-529.

[61] 李佳,高广运,赵宏.基于2.5维有限元法分析横观各向同性地基上列车运行引起的地面振动[J].岩石力学与工程学报,2013,32(1):78-87.
[62] 周凤玺,曹永春,赵王刚.移动荷载作用下非均匀地基的动力响应分析[J].岩土力学,2015,36(7):2027-2033.
[63] SENJUNTICHAI T,RAJAPAKSE R K N D. Exact stiffness method for quasi-statics of a multi-layered poroelastic medium[J]. International journal of solids and structures,1995,32(11):1535-1553.
[64] SIDDHARTHAN R,ZAFIR Z,NORRIS G M. Moving load response of layered soil. I: formulation[J]. Journal of engineering mechanics,1993,119(10):2052-2071.
[65] 孙宏磊,蔡袁强,徐长节.移动列车荷载作用下路轨系统及饱和半空间土体动力响应[J].岩石力学与工程学报,2007,26(8):1705-1712.
[66] XU B,LU J F,WANG J H. Dynamic response of a layered water-saturated half space to a moving load[J]. Computers and geotechnics,2008,35(1):1-10.
[67] CAO Y M,XIA H,LOMBAERT G. Solution of moving-load-induced soil vibrations based on the Betti-Rayleigh Dynamic Reciprocal Theorem[J]. Soil dynamics and earthquake engineering,2010,30(6):470-480.
[68] THEODORAKOPOULOS D D. Dynamic analysis of a poroelastic half-plane soil medium under moving loads[J]. Soil dynamics and earthquake engineering,2003,23(7):521-533.
[69] THEODORAKOPOULOS D D,CHASSIAKOS A P,BESKOS D E. Dynamic effects of moving load on a poroelastic soil medium by an approximate method[J]. International journal of solids and structures,2004,41(7):1801-1822.
[70] LU J F,JENG D S. A half-space saturated poro-elastic medium subjected to a moving point load[J]. International journal of solids and structures,2007,44(2):573-586.
[71] LU J F,JENG D S. Dynamic analysis of an infinite cylindrical hole in a saturated poroelastic medium[J]. Archive of applied mechanics,2006,76(5/6):263-276.
[72] 蔡袁强,柳伟,徐长节,等.基于修正Iwan模型的软黏土动应力-应变关系研究[J].岩土工程学报,2007,29(9):1314-1319.
[73] 袁宗浩,蔡袁强,史吏,等.移动简谐荷载作用下饱和土体中圆形隧道和轨

道结构的动力分析[J]. 岩土工程学报,2016,38(2):311-322.

[74] JIN B,YUE Z Q,THAM L G. Stresses and excess pore pressure induced in saturated poroelastic halfspace by moving line load[J]. Soil dynamics and earthquake engineering,2004,24(1):25-33.

[75] 王奎华,谢康和,曾国熙. 有限长桩受迫振动问题解析解及其应用[J]. 岩土工程学报,1997,19(6): 27-35.

[76] 胡安峰,谢康和,王奎华. 粘弹性地基中有限长桩横向受迫振动问题解析解[J]. 岩土力学,2003,24(1):25-29.

[77] NOGAMI T,NOVAK M. Soil-pile interaction in vertical vibration[J]. Earthquake engineering and structural dynamics,1976,4(3):277-293.

[78] NOGAMI T,NOVAK M. Resistance of soil to a horizontally vibrating pile[J]. Earthquake engineering and structural dynamics, 1977, 5(3): 249-261.

[79] 李强,王奎华,谢康和. 饱和土桩纵向振动引起土层复阻抗分析研究[J]. 岩土工程学报,2004,26(5):679-683.

[80] 张智卿. 饱和非均质土中桩土耦合扭转振动理论研究[D]. 杭州:浙江大学,2008.

[81] LI Z Y,GAO Y F. Torsional vibration of a large-diameter pipe pile embedded in inhomogeneous soil[J]. Ocean engineering,2019,172:737-758.

[82] LI Z Y,GAO Y F,WANG K H. Torsional vibration of an end bearing pile embedded in radially inhomogeneous saturated soil[J]. Computers and geotechnics,2019,108:117-130.

[83] WANG N,LE Y,TONG L H,et al. Vertical dynamic response of an end-bearing pile considering the nonlocal effect of saturated soil[J]. Computers and geotechnics,2020,121:103461.

[84] NOVAK M. Dynamic stiffness and damping of piles[J]. Canadian geotechnical journal,1974,11(4):574-598.

[85] NOVAK M,ABOUL-ELLA F. Impedance functions of piles in layered media[J]. Journal of the engineering mechanics division,1978,104(3): 643-661.

[86] 郑长杰,丁选明,刘汉龙,等. 饱和均质土中 PCC 桩纵向振动响应简化解析方法[J]. 岩土工程学报,2013,35(增刊 2):1087-1090.

[87] 刘林超,杨骁. 基于薄层法的饱和土桩纵向振动研究[J]. 岩土力学,2010,31(1):92-98.

[88] 闫启方,刘林超. 基于多孔介质理论的饱和土中单桩的扭转复刚度研究[J]. 岩土工程学报,2010,32(9):1460-1463.
[89] 王奎华,李振亚,吕述晖,等. 静钻根植竹节桩纵向振动特性及应用研究[J]. 浙江大学学报(工学版),2015,49(3):522-530.
[90] LEE K I,HUMPHREY V F,KIM B N,et al. Frequency dependencies of phase velocity and attenuation coefficient in a water-saturated sandy sediment from 0.3 to 1.0 MHz[J]. The journal of the acoustical society of America,2007,121(5 pt1):2553-2558.
[91] ERINGEN A C,EDELEN D G B. On nonlocal elasticity[J]. International journal of engineering science,1972,10(3):233-248.

第 2 章 非局部 Biot 理论构建及饱和土中波传播特性

2.1 概　述

孔隙介质在自然界中广泛存在，为了研究其动力问题，Biot 提出了饱和孔隙介质的动力响应控制方程，即 Biot 理论[1-3]。该理论在众多领域得到了广泛的应用，但李(Lee)等[4]通过实验发现，入射波频率在 0.3～1.0 MHz 范围内，波速呈现明显的负色散现象，而 Biot 理论却无法预测该现象。研究表明，随着入射频率的增加，孔隙介质中的波长变短，使波长接近甚至小于孔隙尺寸，此时波无法轻易地绕过土颗粒传播，最终导致介质的波动散射增强。因此，在高频情况下，孔隙尺寸对波传播的影响较为显著，若仍使用经典的 Biot 理论计算，则会造成较大的误差。本章针对以上问题提出了可考虑孔隙尺寸效应的非局部 Biot 理论，以考虑孔隙尺寸对波传播特性的影响、完善经典 Biot 理论。

2.2 非局部 Biot 理论控制方程及波场求解

根据非局部弹性理论，若影响 P 点应力的应变场区域半径为 r，则 P 点受到以 P 为圆心、r 为半径范围内所有质点对其作用，如图 1-3 所示。若忽略体力作用，则线性、可变形、各向同性饱和土体非局部弹性问题的基本方程(Eringen[5]；L. H. Tong 等[6])为：

$$\begin{cases}\sigma_{ij,j}=0\\ \sigma_{ij}(\boldsymbol{r})=\int_V\alpha(|\boldsymbol{r}-\boldsymbol{r}'|,\tau)C_{ij,\mathrm{kl}}\varepsilon_{\mathrm{kl}}\mathrm{d}V(\boldsymbol{r}')\\ \varepsilon_{ij}=\dfrac{1}{2}(u_{i,j}+u_{j,i})\end{cases}\tag{2-1}$$

式中，$C_{ij,\mathrm{kl}}$ 为弹性模量张量；σ_{ij} 和 ε_{ij} 分别为应力和应变张量；$\alpha(|\boldsymbol{r}-\boldsymbol{r}'|,\tau)$ 为核

函数。其中，$|\boldsymbol{r}-\boldsymbol{r}'|$为位置矢量$\boldsymbol{r}-\boldsymbol{r}'$的两个质点间的距离，非局部参数$\tau=e_0a_0/l$（$l$为外部特性长度，如裂纹长度或波长等；$a_0$为内部特征长度；$e_0$为材料参数）。式(2-1)是一个积分方程，数学上很难直接求解。通过使用格林(Green)方程，Eringen[5]将积分方程变换为微分方程的形式：

$$[1-(\tau l)^2\nabla^2]\sigma_{ij}=\sigma_{ij}^{\mathrm{L}} \tag{2-2}$$

式中，∇^2为拉普拉斯(Lapalce)算子，$\nabla^2=\dfrac{\partial^2}{\partial x^2}+\dfrac{\partial^2}{\partial y^2}+\dfrac{\partial^2}{\partial z^2}$；上标"L"代表局部或经典应力。为了简便起见，本书中的τl由τ代替，其量纲为长度量纲。

由于本书所研究的是动力问题，式(2-1)中的平衡方程应修正为：

$$\sigma_{ij,j}=\rho\ddot{\boldsymbol{u}}_i+\rho_{\mathrm{f}}\ddot{\boldsymbol{w}}_i \tag{2-3}$$

式中，σ_{ij}为孔隙材料的总应力分量；$\boldsymbol{u}_i$为土骨架位移；$\boldsymbol{w}_i$为流体相对于固体位移；ρ和ρ_{f}分别为孔隙材料的密度和孔隙流体的密度，$\rho=(1-n_0)\rho_{\mathrm{s}}+n_0\rho_{\mathrm{f}}$，其中$\rho_{\mathrm{s}}$为土颗粒密度，$n_0$为初始孔隙比。

基于经典Biot理论，孔隙流体运动方程为：

$$-P_{\mathrm{f},i}^{\mathrm{L}}=\rho_{\mathrm{f}}\ddot{\boldsymbol{u}}_i+m\ddot{\boldsymbol{w}}_i+\frac{\eta}{\kappa}F(\zeta)\dot{\boldsymbol{w}}_i \tag{2-4}$$

式中，$P_{\mathrm{f}}^{\mathrm{L}}$为局部孔隙压力；$\eta$为流体的动力黏度；$\kappa$为渗透系数；$m=\rho_{\mathrm{f}}/n_0$；$F(\zeta)$为黏度修正系数。

饱和土材料的经典本构方程为：

$$\begin{cases}\sigma_{ij}^{\mathrm{L}}=2\mu\varepsilon_{ij}+\lambda\delta_{ij}\psi-\alpha\delta_{ij}P_{\mathrm{f}}\\ P_{\mathrm{f}}^{\mathrm{L}}=-\alpha M\psi+M\xi\end{cases} \tag{2-5}$$

式中，ε_{ij}为应变分量；ψ为土骨架体应变，$\psi=\varepsilon_{ij}\delta_{ij}=\varepsilon_{ii}$；$\delta_{ij}$为克罗内克函数，它是一个二阶张量；$\xi$为单位体积内流体的体积变化量，$\xi=-\nabla\cdot\boldsymbol{w}$，其中$\nabla\cdot$为散度算子；$M$、$\alpha$均为Biot参数，其中$\alpha=1-K_{\mathrm{b}}/K_{\mathrm{s}}$。

$$M=Q/[n_0(\alpha-n_0)]$$

$$Q=\frac{n_0K_{\mathrm{s}}(K_{\mathrm{s}}-n_0K_{\mathrm{s}}-K_{\mathrm{b}})}{K_{\mathrm{s}}+\gamma K_{\mathrm{s}}^2-K_{\mathrm{b}}}$$

$$\gamma=n_0(1/K_{\mathrm{f}}-1/K_{\mathrm{s}})\cdot\chi$$

式中，χ为修正系数；K_{b}土骨架体积模量；K_{f}和K_{s}分别为流体体积模量及土颗粒体积模量。

2.2.1 不考虑流体非局部项

首先，我们研究不考虑流体非局部项时饱和土中波速问题。结合式(2-2)和式(2-3)，非局部运动方程可表示为：

$$(1-\tau^2\nabla^2)(\rho\ddot{\boldsymbol{u}}_i+\rho_{\mathrm{f}}\ddot{\boldsymbol{w}}_i)=\sigma_{ij,j}^{\mathrm{L}} \tag{2-6}$$

将式(2-5)中的本构关系分别代入式(2-4)和式(2-6),则未考虑流体非局部项的 ***u-w*** 格式运动方程为:

$$\begin{cases}(1-\tau^2\nabla^2)(\rho\ddot{\boldsymbol{u}}+\rho_{\mathrm{f}}\ddot{\boldsymbol{w}})=\mu\nabla^2\boldsymbol{u}+(\lambda+\alpha^2M+\mu)\operatorname{grad}\psi-\alpha M\operatorname{grad}\xi \\ \rho_{\mathrm{f}}\ddot{\boldsymbol{u}}+m\ddot{\boldsymbol{w}}+\dfrac{\eta}{\kappa}F(\zeta)\dot{\boldsymbol{w}}=\operatorname{grad}(\alpha M\psi-M\xi)\end{cases} \tag{2-7}$$

式中,grad 为梯度算子。

假设位移呈谐波变化及时间项为 $e^{-i\omega t}$,则位移 $\boldsymbol{u}$ 和 $\boldsymbol{w}$ 可表示为:

$$\boldsymbol{u}=\bar{\boldsymbol{u}}\cdot e^{-i\omega t},\quad \boldsymbol{w}=\bar{\boldsymbol{w}}\cdot e^{-i\omega t} \tag{2-8}$$

式中,ω 为圆频率,$i=\sqrt{-1}$。

将式(2-8)中第一式代入式(2-7)中,可得到如下方程:

$$\begin{cases}(\mu-\rho\omega^2\tau^2)\nabla^2\bar{\boldsymbol{u}}-\rho_{\mathrm{f}}\omega^2\tau^2\nabla^2\bar{\boldsymbol{w}}+\rho\omega^2\bar{\boldsymbol{u}}+\rho_{\mathrm{f}}\omega^2\bar{\boldsymbol{w}}+ \\ (\lambda+\alpha^2M+\mu)\operatorname{grad}\psi-\alpha M\operatorname{grad}\xi=0 \\ \operatorname{grad}(\alpha M\psi-M\xi)+\rho_{\mathrm{f}}\omega^2\bar{\boldsymbol{u}}+\left(m\omega^2+i\omega\dfrac{\eta}{\kappa}F(\zeta)\right)\bar{\boldsymbol{w}}=0\end{cases} \tag{2-9}$$

式中,$m=\alpha\rho_{\mathrm{f}}/n_0$。对式(2-9)两边同时取散度,则压缩波的耦合方程为:

$$\begin{cases}\nabla^2(H_1\bar{\psi}+H_2\bar{\xi})=-\rho\omega^2\bar{\psi}+\rho_{\mathrm{f}}\omega^2\bar{\xi} \\ \nabla^2(\alpha M\bar{\psi}-M\bar{\xi})=-\rho_{\mathrm{f}}\omega^2\bar{\psi}+\left(i\omega\dfrac{\eta}{\kappa}F(\zeta)+m\omega^2\right)\bar{\xi}\end{cases} \tag{2-10}$$

式中,$\psi=\bar{\psi}\cdot e^{-i\omega t}$,$\xi=\bar{\xi}\cdot e^{-i\omega t}$,$H_1=\lambda+2\mu+\alpha^2M-\rho\omega^2\tau^2$,$H_2=\rho_{\mathrm{f}}\omega^2\tau^2-\alpha M$。

同理,对式(2-9)两侧同时取旋度,令 $\boldsymbol{\theta}=\operatorname{rot}\boldsymbol{u}$ 及 $\boldsymbol{\Omega}=\operatorname{rot}\boldsymbol{w}$,rot 为旋度算子,因此,旋转波方程可表示为:

$$\begin{cases}\nabla^2(\beta_1\boldsymbol{\theta}+\beta_2\boldsymbol{\Omega})+\rho\omega^2\boldsymbol{\theta}+\rho_{\mathrm{f}}\omega^2\boldsymbol{\Omega}=\boldsymbol{0} \\ \rho_{\mathrm{f}}\omega^2\boldsymbol{\theta}+\beta_3\boldsymbol{\Omega}=\boldsymbol{0}\end{cases} \tag{2-11}$$

式中,$\beta_1=\mu-\rho\omega^2\tau^2$,$\beta_2=-\rho_{\mathrm{f}}\omega^2\tau^2$,$\beta_3=i\omega\eta F(\zeta)/\kappa+m\omega^2$。

通过消去式(2-11)中的 $\boldsymbol{\Omega}$,可得到关于旋转波 $\boldsymbol{\theta}$ 的方程,即:

$$\left(\beta_1-\frac{\beta_2}{\beta_3}\rho_{\mathrm{f}}\omega^2\right)\nabla^2\boldsymbol{\theta}=\left(\frac{\rho_{\mathrm{f}}^2\omega^4}{\beta_3}-\rho\omega^2\right)\boldsymbol{\theta} \tag{2-12}$$

由式(2-12)可知,孔隙材料中仅有一种剪切波,这与 Biot 理论预测结果一致。因此,剪切波波数为:

$$k_{\mathrm{s}}=\sqrt{\frac{\rho\omega^2\beta_3-\beta_3\rho_{\mathrm{f}}^2\omega^4}{\beta_1\beta_3-\beta_2\rho_{\mathrm{f}}\omega^2}} \tag{2-13}$$

剪切波速为：

$$v_s = \frac{\omega}{\mathrm{Re}(k_s)} \tag{2-14}$$

式中，Re(·)代表方程的实部。

由式(2-11)可知，固体部分的旋转波 $\boldsymbol{\theta}$ 与流体部分的旋转波 $\boldsymbol{\Omega}$ 存在直接关系，其关系式为：

$$\boldsymbol{\Omega} = \frac{-\rho_f\omega^2\boldsymbol{\theta}}{\beta_3} = -\frac{1}{\dfrac{\mathrm{i}\eta F(\zeta)}{\rho_f\omega\kappa}+\dfrac{1}{n_0}}\boldsymbol{\theta} \tag{2-15}$$

当 $\omega \ll \eta F(\zeta)/(\kappa\rho_f)$ 时，$\eta F(\zeta)/(\rho_f\omega\kappa) \gg 1/n_0$，在低频范围内，固体部分的旋转波与流体部分的旋转波相差大约为 $\pi/2$。然而，在低频情况下，很难通过耦合效应产生流体部分的旋转波。当 $\omega \gg \eta F(\zeta)/(\kappa\rho_f)$ 时，$\eta F(\zeta)/(\rho_f\omega\kappa) \ll 1/n_0$，在高频范围内，由于耦合效应可在流体中产生一个稳定的旋转波（相位差 π），此时，耦合效应随孔隙度的增加而增强。当 $\omega \sim \eta F(\zeta)/(\kappa\rho_f)$，$\eta F(\zeta)/(\rho_f\omega\kappa) \sim 1/n_0$，在中等频率，固体旋转波与流体部分旋转波的相位差介于 $\pi/2$ 至 π，此时耦合效应随频率的增加而增强。由式(2-15)可知，该耦合效应与非局部参数 τ 无关，因此旋转波 $\boldsymbol{\Omega}$ 与非局部参数 τ 没有直接的关系。

对于式(2-10)中的压缩波，假设其解的形式为：

$$\begin{cases}\bar{\psi} = C_1 \mathrm{e}^{\mathrm{i}\boldsymbol{qr}} \\ \bar{\xi} = C_2 \mathrm{e}^{\mathrm{i}\boldsymbol{qr}}\end{cases} \tag{2-16}$$

式中，$\boldsymbol{q}$ 为波矢量，$\boldsymbol{r}=(x,y,z)$ 为方向矢量。

将式(2-16)代入式(2-10)，可得：

$$\begin{cases}(\rho\omega^2 - |\boldsymbol{q}|^2 H_1)C_1 + (-\rho_f\omega^2 - |\boldsymbol{q}|^2 H_2)C_2 = 0 \\ (\rho_f\omega^2 - |\boldsymbol{q}|^2\alpha M)C_1 + (|q|^2 M - \beta_3)C_2 = 0\end{cases} \tag{2-17}$$

上式非平凡解的条件为：

$$\begin{bmatrix}\rho\omega^2 - |\boldsymbol{q}|^2 H_1 & -\rho_f\omega^2 - |\boldsymbol{q}|^2 H_2 \\ \rho_f\omega^2 - |\boldsymbol{q}|^2\alpha M & -\beta_3 + |\boldsymbol{q}|^2 M\end{bmatrix} = 0 \tag{2-18}$$

由此可得到关于 $|\boldsymbol{q}|$ 的四次方的特征方程：

$$(MH_1 + \alpha MH_2)|\boldsymbol{q}|^4 - (\rho\omega^2 M + \beta_3 H_1 - \rho_f\omega^2\alpha M + \rho_f\omega^2 H_2)|\boldsymbol{q}|^2 + (\rho\omega^2\beta_3 - \rho_f^2\omega^4) = 0 \tag{2-19}$$

此方程有 4 个根 $|\boldsymbol{q}|_{\pm1}$，$|\boldsymbol{q}|_{\pm2}$，对应于 4 个压缩波，正负号分别代表波的正向传播和负向传播。可以发现，正负根同时出现且波速完全一致，实际上仅有两种压缩波存在，这与 Biot 理论预测结果相同。考虑时间因子项为 $\mathrm{e}^{-\mathrm{i}\omega t}$，$|\boldsymbol{q}|_{+1}$，

$|\boldsymbol{q}|_{+2}$的实部应满足 $\mathrm{Re}(|\boldsymbol{q}|_{+1,+2})>0$。如果假设 $\mathrm{Re}(|\boldsymbol{q}|_{+1})<\mathrm{Re}(|\boldsymbol{q}|_{+2})$，则波矢量 $\boldsymbol{q}_{+1}$ 和 $\boldsymbol{q}_{+2}$ 分别对应于孔隙介质中的快波和慢波。由于波向外传播时会产生衰减，因此应满足关系式 $\mathrm{Im}(|\boldsymbol{q}|_{+1,+2})\geqslant 0$。基于以上分析，饱和土中快波和慢波的波速分别为：

$$\begin{cases} v_1 = \dfrac{\omega}{\mathrm{Re}(|\boldsymbol{q}|_{+1})} \\ v_2 = \dfrac{\omega}{\mathrm{Re}(|\boldsymbol{q}|_{+2})} \end{cases} \tag{2-20}$$

由上式可以看出，波速与频率无关。本书所得到的波速与 Biot 理论得到的波速不同之处在于，快波和慢波波数中包含非局部项，可通过将非局部参数取为0，将其结果退化为 Biot 理论结果。在 Biot 模型中，$|\boldsymbol{q}|_{+1}$ 和 $|\boldsymbol{q}|_{+2}$ 通常为正数，由此导致势能及动能为二次形式。然而，当引入非局部参数后，该关系将不再成立。由于式(2-19)的多项式中包含非局部项，由式(2-19)四次系数项 $MH_1+\alpha MH_2$ 可以看出，当

$$\omega_{\mathrm{c}} = \sqrt{\frac{\lambda+2\mu}{(\rho-\alpha\rho_{\mathrm{f}})\tau^2}} \tag{2-21}$$

时，$MH_1+\alpha MH_2=0$。这说明，四次方程将变为二次方程，且仅有一种正向传播的压缩波。当 $\omega>\omega_{\mathrm{c}}$，$|\boldsymbol{q}|_{+2}$ 的实部应为负数，以保证 $\mathrm{Im}(|\boldsymbol{q}|_{+2})>0$。因此，在这种情况下，慢波将向后传播。然而，当 $\omega>\omega_{\mathrm{c}}$ 时，$\mathrm{Im}(|\boldsymbol{q}|_{+2})\gg 1$，慢波的幅值将迅速衰减，由此导致慢波存在的时间非常短暂。此外，数值分析结果显示，临界频率 ω_{c} 对快波没有影响。

2.2.2 考虑流体非局部项

查克拉博蒂(Chakraborty)[7]提出非局部孔隙理论用于计算波在疏松骨质中的传播，而本书理论主要关注二维平面内波的传播问题；此外，该研究结论并未讨论旋转波。结合式(2-2)、式(2-4)和式(2-5)，同时考虑流体和固体部分非局部的 **u**-**w** 控制方程，有：

$$\begin{cases} (1-\tau^2\nabla^2)(\rho\ddot{\boldsymbol{u}}+\rho_{\mathrm{f}}\ddot{\boldsymbol{w}}) = \mu\nabla^2\boldsymbol{u}+(\lambda+\alpha^2M+\mu)\,\mathrm{grad}\,\psi-\alpha M\cdot\mathrm{grad}\,\xi \\ (1-\tau^2\nabla^2)\left(\rho_{\mathrm{f}}\ddot{\boldsymbol{u}}+m\ddot{\boldsymbol{w}}+\dfrac{\eta}{\kappa}\dot{\boldsymbol{w}}\right) = \mathrm{grad}(\alpha M\psi-M\xi) \end{cases} \tag{2-22}$$

与式(2-7)类似，对式(2-22)的两端求散度，则耦合压缩波方程为：

$$\begin{cases} \nabla^2(H_1\bar{\psi}+H_2\bar{\xi}) = -\rho\,\omega^2\bar{\psi}+\rho_{\mathrm{f}}\omega^2\bar{\xi} \\ \nabla^2(H_3\bar{\psi}+H_4\bar{\xi}) = -\rho_{\mathrm{f}}\omega^2\bar{\psi}+\left[\mathrm{i}\omega\dfrac{\eta}{\kappa}F(\zeta)\omega+m\omega^2\right]\bar{\xi} \end{cases} \tag{2-23}$$

式中，$H_3=-H_2$，$H_4=\left(m\omega^2+\mathrm{i}\omega\dfrac{\eta}{\kappa}F(\zeta)\right)\tau^2-M$。

同理，对式(2-22)两端同时取旋度，则耦合旋转波为：

$$\begin{cases}\beta_1\ \nabla^2\boldsymbol{\theta}+\rho\,\omega^2\boldsymbol{\theta}+\rho_f\omega^2(-\tau^2\ \nabla^2\boldsymbol{\Omega}+\boldsymbol{\Omega})=0\\ \beta_2\ \nabla^2\boldsymbol{\theta}+\rho_f\omega^2\boldsymbol{\theta}+\beta_3(-\tau^2\ \nabla^2\boldsymbol{\Omega}+\boldsymbol{\Omega})=0\end{cases} \tag{2-24}$$

通过消去式(2-24)中的 $\boldsymbol{\Omega}$，可得到与式(2-12)相同的关于 $\boldsymbol{\theta}$ 的旋转波方程。由式(2-24)可同样获得关于 $\boldsymbol{\Omega}$ 的旋转波方程：

$$\nabla^2\boldsymbol{\Omega}-\frac{1}{\tau^2}\boldsymbol{\Omega}=\frac{A}{\tau^2}\ \nabla^2\boldsymbol{\theta} \tag{2-25}$$

式中，$A=(\mu\rho_f)/(\rho_f{}^2\omega^2-\rho\beta_3)$。

显然，式(2-25)为一个二阶双曲线微分方程。因此，流体部分的旋转波与固体部分相同，孔隙介质中仅有一种旋转波。

接下来讨论压缩波。假设波矢量为 $\boldsymbol{q}'$，及 $\bar{\psi}=C_3\mathrm{e}^{\mathrm{i}\boldsymbol{q}'\boldsymbol{r}}$，$\bar{\xi}=C_4\mathrm{e}^{\mathrm{i}\boldsymbol{q}'\boldsymbol{r}}$，由式(2-23)可知：

$$\begin{cases}(\rho\,\omega^2-|\boldsymbol{q}'|^2H_1)C_3+(-\rho_f\omega^2-|\boldsymbol{q}'|^2H_2)C_4=0\\ (\rho_f\omega^2-|\boldsymbol{q}'|^2H_3)C_3+(-|\boldsymbol{q}'|^2H_4-\beta_3)C_4=0\end{cases} \tag{2-26}$$

与 $\bar{\psi}$ 和 $\bar{\xi}$ 的非平凡解条件相同，则 $|\boldsymbol{q}'|$ 的特征方程为：

$$\begin{aligned}&(H_2H_3-H_1H_4)|\boldsymbol{q}'|^4+(\rho\,\omega^2H_4-\beta_3H_1+\\&\rho_f\omega^2H_3-\rho_f\omega^2H_2)|\boldsymbol{q}'|^2+(\rho\,\omega^2\beta_3-\rho_f{}^2\omega^4)=0\end{aligned} \tag{2-27}$$

与式(2-19)的讨论相同，两个压缩波速为：

$$\begin{cases}v_1'=\dfrac{\omega}{\mathrm{Re}(|\boldsymbol{q}'|_{+1})}\\ v_2'=\dfrac{\omega}{\mathrm{Re}(|\boldsymbol{q}'|_{+2})}\end{cases} \tag{2-28}$$

由于考虑了流体的非局部效应，式(2-28)中的波速与式(2-20)有显著的不同。考虑系数 $H_2H_3-H_1H_4$ 是频率 ω 的 4 次表达式，很难直观地分析波速的特性。因此，式(2-28)和式(2-20)的比较将在后续章节进行数值讨论。

2.2.3　动力黏度修正系数

Biot 理论其实包括两部分：一是关于低频情况下的响应；二是关于高频情况下的响应。如果假设泊肃叶(Poiseuille)流动有效，则低频理论成立；否则，当频率超过某一值时，Poiseuille 流动假设将不再成立，此时高频理论将更适合于研究波的传播特性。Biot 高频理论指出，此上限频率(特征频率)为：

$$f_c=\frac{4\eta}{\rho_f\pi a^2} \tag{2-29}$$

该方程有效的条件是，将孔隙假设成半径为 a 且相互平行的管状通道，Biot 也给出了其他类型的孔隙的表达式。

根据 Biot 高频理论可知，黏度修正系数可表示为：

$$F(\zeta)=\frac{\zeta T(\zeta)}{4\left(1+\frac{2\mathrm{i}T(\zeta)}{\zeta}\right)} \tag{2-30}$$

式中，$\zeta=\delta\sqrt{f/f_c}$；ω 为入射频率。圆孔状孔隙时：$\delta=\sqrt{8\xi}$；裂缝状孔隙时：$\delta=\sqrt{16\xi/3}$，ξ 为阻力因子；$T(\zeta)=\dfrac{\mathrm{ber}'(\zeta)+\mathrm{ibei}'(\zeta)}{\mathrm{ber}(\zeta)+\mathrm{ibei}(\zeta)}$，ber 和 bei 为第一类零阶开尔文函数的实部和虚部。数值分析表明，当 $\zeta<1$，$\mathrm{Re}[F(\zeta)]\to 1$，且 $\mathrm{Im}[F(\zeta)]\ll 1$。因此，当 $f<f_c$，黏度修正因子对动力黏度影响较小，此时可采用 Biot 低频理论。当频率超过特征频率 f_c，应该考虑黏度修正系数对流体动力黏度的修正。

2.3 非局部参数物理意义的讨论

在罗帕特尼科夫(Lopatnikov)等[8]的研究中，耗散应力 $P_\varphi^{\mathrm{diss}}$ 及动应力 P_φ^{dyn} 被引入，以描述孔隙材料中孔隙波动对波传播特性的影响。孔隙波动与应力 $P_\varphi^{\mathrm{diss}}$ 和 P_φ^{dyn} 的关系为：

$$P_\varphi^{\mathrm{dyn}}+P_\varphi^{\mathrm{diss}}=\rho l^2\ddot{n} \tag{2-31}$$

式中，l 为长度特征尺寸；Δn 为孔隙波动，$n=n_0+\Delta n$。

式(2-31)是由 Lopatnikov 等[8]提出用于描述孔隙动力，Biot 理论中并没有此方程。由式(2-6)可知，$-\tau^2\nabla^2(\rho\ddot{\boldsymbol{u}}+\rho_f\ddot{\boldsymbol{w}})$ 也未包含在 Biot 理论中，结合 $\nabla(P_\varphi^{\mathrm{dyn}}+P_\varphi^{\mathrm{diss}})$ 和 $-\tau^2\nabla^2(\rho\ddot{\boldsymbol{u}}+\rho_f\ddot{\boldsymbol{w}})$，可得：

$$\nabla(\rho l^2\ddot{n})=-\tau^2\nabla^2(\rho\ddot{\boldsymbol{u}}+\rho_f\ddot{\boldsymbol{w}}) \tag{2-32}$$

对式(2-32)两端同时作用散度算子，并假设时间因子项为 $e^{-j\omega t}$，可得：

$$\nabla^2(\rho l^2\overline{\Delta n})=-\tau^2\nabla^2[\nabla\cdot(\rho\bar{\boldsymbol{u}}+\rho_f\bar{\boldsymbol{w}})] \tag{2-33}$$

固体与流体的体应变为：

$$\begin{cases}\varepsilon_{vs}=\nabla\cdot\bar{\boldsymbol{u}}=\dfrac{\Delta V_s}{V_{s0}}\\[2ex]\varepsilon_{vf}=\dfrac{1}{n_0}\nabla\cdot\bar{\boldsymbol{w}}+\nabla\cdot\bar{\boldsymbol{u}}=\dfrac{\Delta V_f}{V_{f0}}\end{cases} \tag{2-34}$$

式中，ΔV_s 和 V_{s0} 分别为固体体积变化量和参考固体体积；ΔV_f 和 V_{f0} 分别为流体体积变化量和参考流体体积。

需说明的是，式(2-34)是通过式 $\bar{\boldsymbol{w}}=n_0(\bar{\boldsymbol{u}}_f-\bar{\boldsymbol{u}})$ 获得的（$\bar{\boldsymbol{u}}_f$ 为流体位移）。因此，孔隙波动量为：

$$\overline{\Delta n}=\frac{V_{f0}+\Delta V_f}{V_0+\Delta V}-\frac{V_{f0}}{V_0}=\frac{\Delta V_f}{V_0+\Delta V}(1-n_0)-\frac{\Delta V_s}{V_0+\Delta V}n_0$$
$$\approx n_0(1-n_0)(\varepsilon_{vs}-\varepsilon_{vf}) \tag{2-35}$$

式中，V_0 为初始体积。

将式(2-34)和式(2-35)代入式(2-33)，并假设 ρ 和 ρ_f 均为常数，则：

$$\frac{\tau^2}{l^2}=\frac{\rho n_0(1-n_0)(\varepsilon_{vf}-\varepsilon_{vs})}{(1-n_0)\rho_s\varepsilon_{vs}+n_0\rho_f\varepsilon_{vf}} \tag{2-36}$$

在大多数情况下，式(2-36)右边项的分母为正。然而，当 $\varepsilon_{vf}<\varepsilon_{vs}$，分子为负，即 $\tau^2/l^2<0$。从数学的角度来看，$\tau^2/l^2<0$ 似乎不太合理，由于 l 和 τ 都具有长度量纲，且式(2-32)是一个矢量方程。因此，$\tau^2/l^2<0$ 表示力 $\nabla(\rho l^2\ddot{n})$ 和 $-\tau^2\nabla^2(\rho\ddot{\boldsymbol{u}}+\rho_f\ddot{\boldsymbol{w}})$ 的方向相反。由此导致，式(2-32)应变为：

$$-\nabla(\rho l^2\overline{\Delta n})=-\tau^2\nabla^2(\rho\bar{\boldsymbol{u}}+\rho_f\bar{\boldsymbol{w}}) \tag{2-37}$$

相应地：

$$\frac{\tau^2}{l^2}=\frac{\rho n_0(1-n_0)(\varepsilon_{vs}-\varepsilon_{vf})}{(1-n_0)\rho_s\varepsilon_{vs}+n_0\rho_f\varepsilon_{vf}} \tag{2-38}$$

由式(2-36)和式(2-38)可以发现，当 $\varepsilon_{vf}=\varepsilon_{vs}$，$\tau^2/l^2=0$，即流体应变与固体应变相等时，那么孔隙波动产生的应力将消失。如果变形过程中流体体应变等于固体体应变，孔隙动力将对饱和土材料没有影响，通常仅有 n_0 存在时，非局部参数不等于0。由此可见，式(2-36)和式(2-38)似乎不太合理。然而，式(2-36)和式(2-38)的提出是基于孔隙波动仅产生惯性项 $-\tau^2\nabla^2(\rho\ddot{\boldsymbol{u}}+\rho_f\ddot{\boldsymbol{w}})$。实际上，这一项包含孔隙尺寸产生的效应和孔隙波动产生的惯性力。如果重新将非局部参数写为 $\tau^2=\tau_d^2+\tau_s^2$，式中 τ_d 和 τ_s 分别为惯性力项和孔隙尺寸效应项。由此可知，τ_d 满足式(2-36)和式(2-38)，而 $-\tau_s^2\nabla^2(\rho\ddot{\boldsymbol{u}}+\rho_f\ddot{\boldsymbol{w}})$ 准确地说，应该是孔隙尺寸效应项。虽然孔隙动应力在特定条件($\varepsilon_{vf}=\varepsilon_{vs}$)下将消失，但是孔隙尺寸效应却一直存在。因此，Lopatnikov 等[8]所提出的额外项 $\rho l^2\ddot{n}$ 并非完全等于本书所提出非局部项 $-\tau^2\nabla^2(\rho\ddot{\boldsymbol{u}}+\rho_f\ddot{\boldsymbol{w}})$，而是非局部项的一部分。

总之，从物理的角度来看，本书所提出的非局部项是惯性力和孔隙尺寸效应的叠加。惯性力是由孔隙的波动产生，而孔隙尺寸效应是由非局部弹性本构自然决定的。非局部参数与孔隙尺寸和孔隙度有关，可通过试验数据拟合得到。

2.4 算例分析及结果讨论

2.4.1 模型验证

本节将前文所提出模型的计算结果与已有试验结果对比，以验证理论模型的正确性。布齐迪(Bouzid)等[9]以饱和玻璃珠为试验材料，研究了波在饱和玻璃中的传播特性。从他们的试验数据可以看出，频率在 0.6～0.96 MHz范围内，快波和剪切波呈现出明显的负色散现象。然而，他们所提出的理论并不能很好地解释文献[9]中的试验现象。图 2-1 为不包含流体非局部项的理论结果与 Bouzid 等[9]试验结果的比较。计算参数为：$\rho_s=2\ 445\ \mathrm{kg/m^3}$，$\rho_f=1\ 000\ \mathrm{kg/m^3}$，$K_f=2.209\ \mathrm{GPa}$，$K_s=43.7\ \mathrm{GPa}$，$K_b=4.826\ \mathrm{GPa}$，$\mu=3.614\ \mathrm{GPa}$，$n=0.391$，$\kappa=19.9\times10^{-12}\ \mathrm{m^{-2}}$，$\eta=0.001\ \mathrm{Pa\cdot s}$，$\xi=1$，$a=23\ \mu\mathrm{m}$，$\chi=1.2$。本章所提的理论中引入了表征孔隙尺寸效应的非局部参数 τ 的取值应该被确定，然而目前还未对该参数进行测量。在图 2-1 中，非局部参数的取值是通过拟合试验曲线而得到，$\tau=0.1$ mm。如图 2-1 所示，理论计算结果与试验结果吻合得很好。频率在 0.5～1 MHz 范围内，本理论与所预测的快波和慢波出现明显的负色散现象，这与试验观察到的结果是一致的。需要说明的是，Lopatnikov 等[8]所提出的孔隙动力理论无法预测剪切波的负色散现象，这是他们所提出的理论中剪切波与 Biot 理论预测的结果一致造成的。

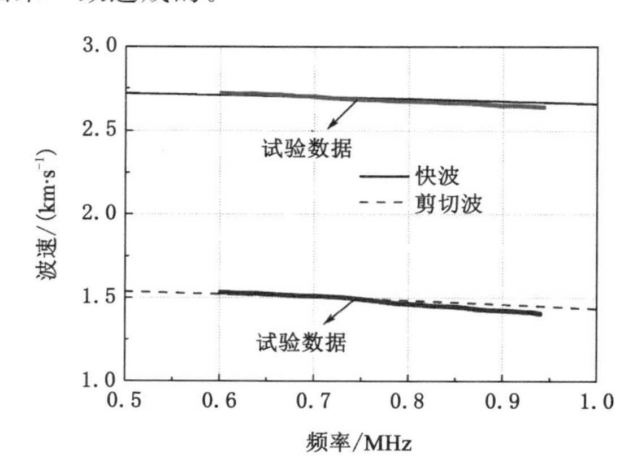

图 2-1 快波和剪切波的理论和试验对比结果

接下来，我们利用图 2-1 中的计算参数研究包括及不包括流体非局部效应的影响。由前文所述可知，两种理论的剪切波结果是相同的，所以图 2-2 中仅比较了快波和慢波的波速。由图中可知，两种情况下快波的波速差异较小，然而流体非局部效应对慢波波速具有显著的影响。频率在 0.5～2 MHz 范围内，考虑流体非局部项时，慢波波速存在明显的负色散现象。当频率超过 1.99 MHz 时，波速迅速减小，然而试验所观察到的慢波并没有负色散效应。不考虑流体非局部项时，慢波没有出现负色散现象这与试验所观察到的结果一致。因此，没有考虑流体非局部项的理论在预测饱和孔隙介质中波速时更加合理。研究表明，非局部项是由孔隙波动产生的惯性力，从微观的角度上看，该惯性力是直接作用在土颗粒上的。由式(2-6)可以看出，平衡方程是针对孔隙材料提出的，而额外的惯性力(非局部项)被引入以修正平衡方程。如果该惯性力也施加到流体平衡方程中，那么得到的耦合方程将产生过修正，由此将导致图 2-2 中出现慢波波速“先减小、后突增”的反常现象。因此，在接下来的讨论中，将基于未考虑流体非局部项的控制方程进行研究。

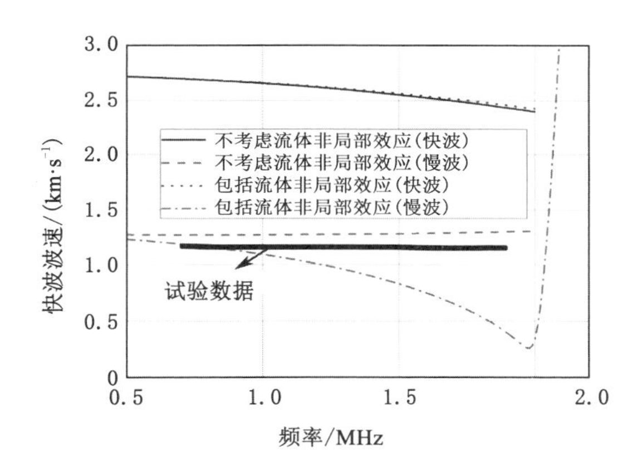

图 2-2 不考虑及包括流体非局部项的快波和慢波波速比较

为了进一步验证本书所提出的模型，图 2-3 给出了本书计算结果与另一饱和沉积砂的波速试验结果的比较，同时给出经典 Biot 理论计算结果并作为参考。试验饱和沉积砂的物理力学参数为：$\rho_s=2\ 650\ \mathrm{kg/m^3}$，$\rho_f=1\ 000\ \mathrm{kg/m^3}$，$K_f=2.2$ GPa，$K_s=36.9$ GPa，$K_b=66.3$ MPa，$\mu=24.9$ MPa，$n=0.408$，$\kappa=1\times10^{-10}\ \mathrm{m^{-2}}$，$\eta=0.001$ Pa · s，$\xi=1$，$a=58.2\ \mu\mathrm{m}$，$\chi=1.12$，$\tau=0.12$ mm。由图 2-3 可知，本书计算结果与试验结果吻合得很好，而经典 Biot 理论的结果无法预测快波的负色散现象。

2.4.2 与孔隙动力理论的比较

为了将本书提出的理论与 Lopatnikov 等[8]提出的理论对比，选取相同的材料参数：$\rho_s=2\ 650\ \mathrm{kg/m^3}$，$\rho_f=1\ 000\ \mathrm{kg/m^3}$，$K_f=2.25$ GPa，$K_s=36$ GPa，

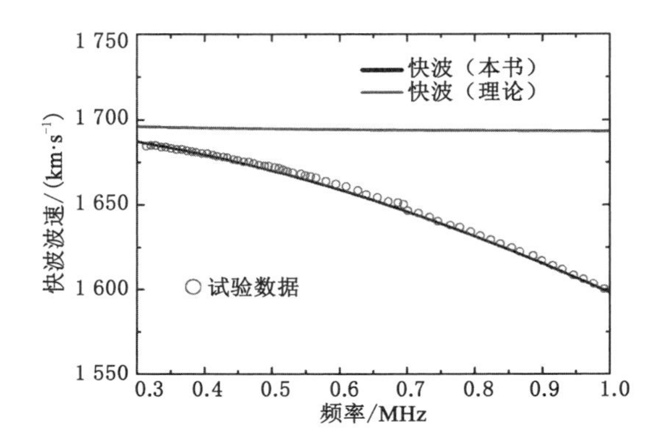

图 2-3　饱和沉积砂中快波理论结果及试验观察结果比较

$K_b=43.6$ MPa，$\mu=26.1$ MPa，$n=0.47$，$\kappa=1\times10^{-10}$ m^{-2}，$\eta=0.001$ Pa·s，$\xi=1$，$a=23$ μm，$\chi=1.02$。图 2-4 至图 2-9 分别为不同入射波频率和非局部参数下波速和衰减因子变化曲线。Lopatnikov 等[8]定义能反应波衰减情况的衰减因子为：

$$Q^{-1}=2\frac{\mathrm{Im}(|\boldsymbol{q}|)}{\mathrm{Re}(|\boldsymbol{q}|)} \tag{2-39}$$

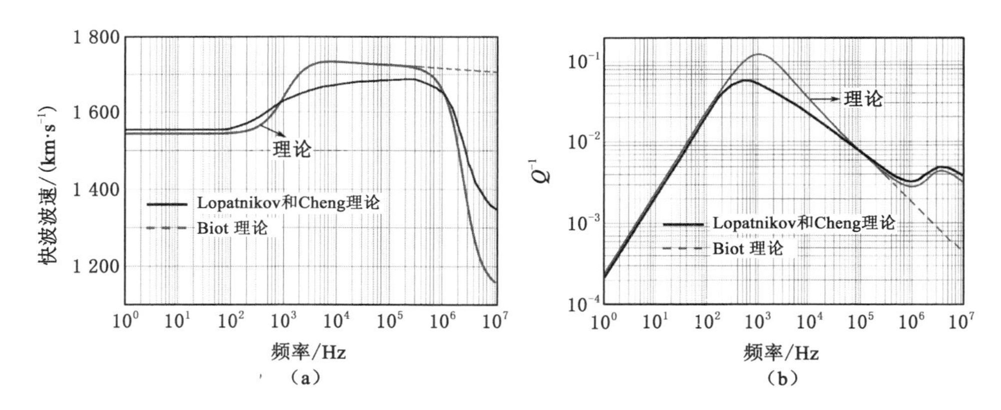

图 2-4　快波波速和衰减因子随入射波频率的变化曲线

在图 2-4 至图 2-6 中，非局部参数取为 0.1 mm；在图 2-7 至图 2-9 中，入射波频率为0.1 MHz。

图 2-4 为快波波速和衰减因子随入射波频率的变化曲线，同时给出了 Biot 理论和 Lopatnikov 等[8]提出的孔隙动力理论作为参考。从图中可以看出，本书

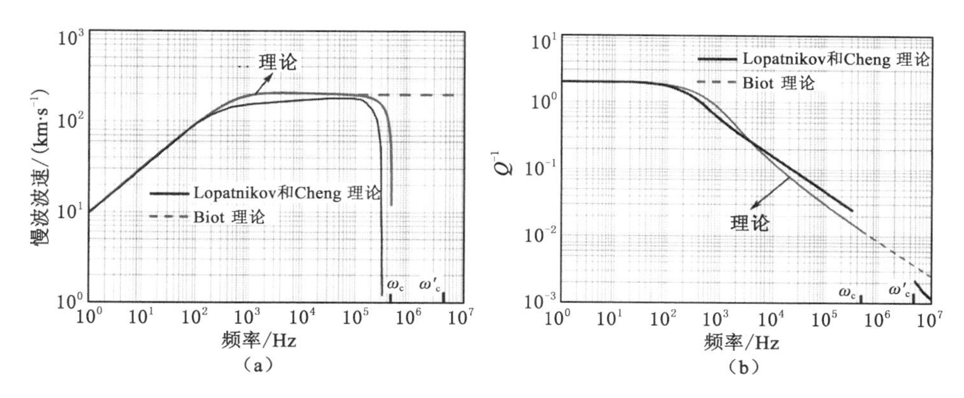

图 2-5　慢波波速和衰减因子随入射波频率的变化曲线

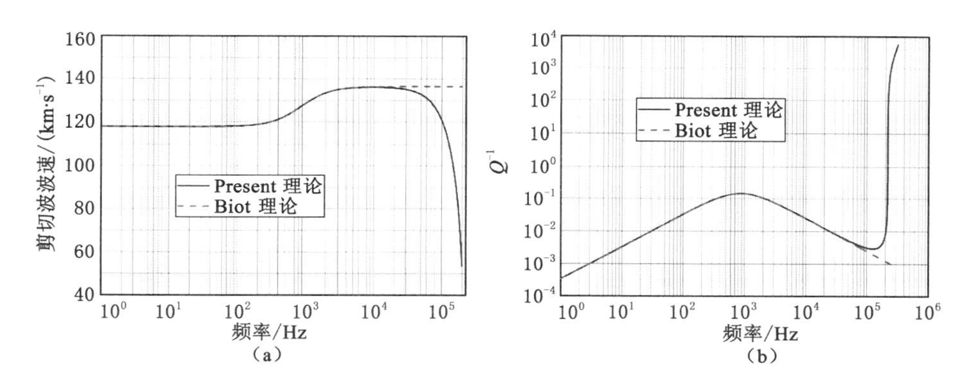

图 2-6　剪切波波速和衰减因子随入射波频率的变化曲线

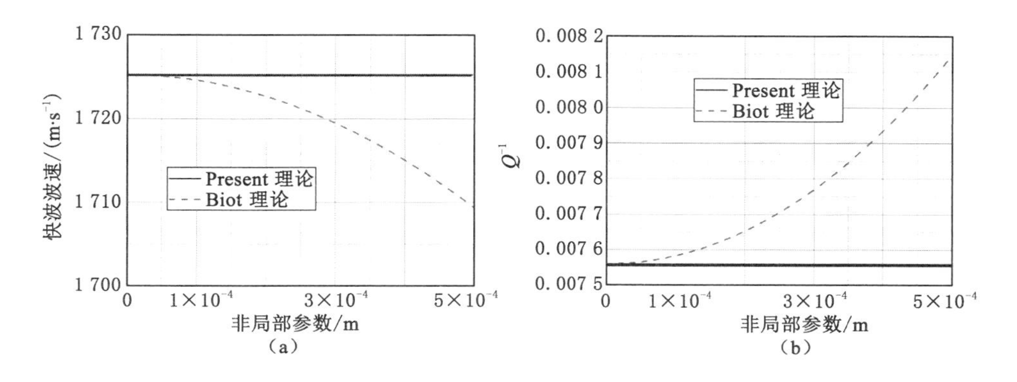

图 2-7　快波波速和衰减因子随非局部参数变化曲线

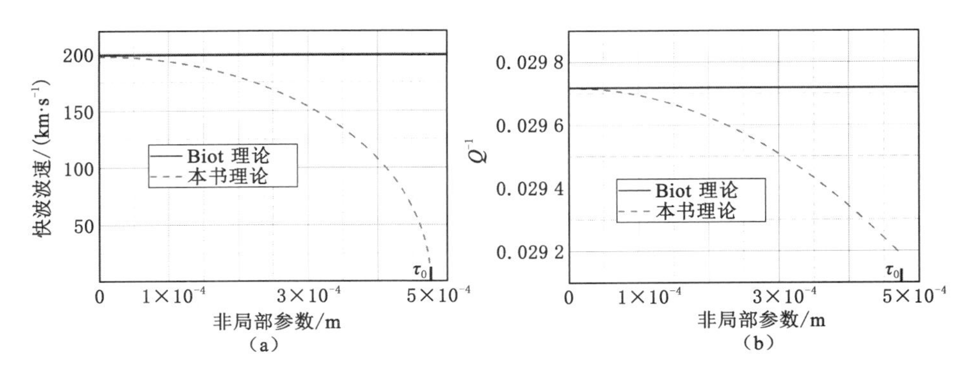

图 2-8 慢波波速和衰减因子随非局部参数变化曲线

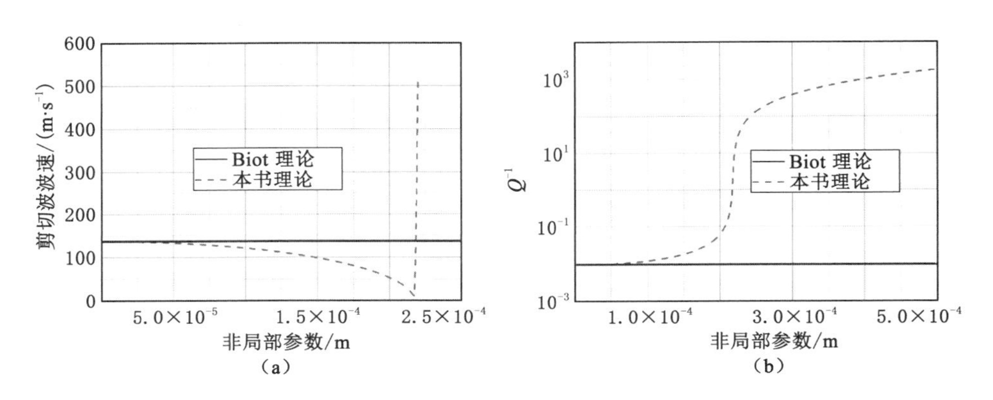

图 2-9 剪切波波速和衰减因子随非局部参数变化曲线

理论计算的波速和衰减因子与文献[8]的计算结果在入射波频率为2 MHz以内的趋势一致。从图中还可以看出，本书理论的计算结果与 Biot 理论在入射波频率小于 0.3 MHz 时的计算结果很接近。以上研究表明，非局部参数在频率小于 0.3 MHz时对快波波速的影响很小。此外，与接下的慢波和剪切波相比，快波波速和衰减因子在全频率范围内均连续，说明临界频率 ω_c 对快波波速没有影响。

图 2-5 为慢波频率在 1 Hz～10 MHz 的波速和衰减因子变化曲线。由图可知，入射波频率达到 0.1 MHz 之前，本书理论的计算结果与经典 Biot 理论的计算结果非常接近，且本书提出的理论与 Lopatnikov 等[8]所提出的理论吻合得较好。由本书提出的理论可知，入射波频率超过 0.1 MHz 后，波速迅速衰减，当 $f\rightarrow\omega_c/(2\pi)$时，频率衰减至 0。图 2-5 中的临界频率 ω_c 可以通过式(2-21)计算得到，算例中 $\omega_c=0.476$ MHz。当入射波频率接近临界频率时，慢波表现出奇

异特性。考虑谐波 $e^{-i\omega t+i|q|x}$，$\text{Im}(|\boldsymbol{q}|)>0$ 表示波沿传播方向衰减，$\text{Re}(|\boldsymbol{q}|)>0$表示波向正向传播，而 $\text{Re}[|\boldsymbol{q}|]<0$ 代表波沿负向传播。数值分析表明，当 $\omega>\omega_c$，则 $\text{Re}(|\boldsymbol{q}|_{+2})<0$，说明当入射波频率超过临界频率时，慢波将向后传播。然而，更进一步的数值分析表明，$|\boldsymbol{q}|_{+2}$ 的虚部非常大 $[\text{Im}(|\boldsymbol{q}|_{+2})\gg 1]$，由此导致沿负向传播的波将迅速衰减，以至于无法向外传播。因此，入射波频率超过临界频率后，孔隙介质中仅存在一种压缩波，在Lopatnikov等[8]的工作中也观察到该现象。此外，根据 Lopatnikov 等[8]的理论，当入射波频率达到 ω_c'时，慢波波速将大于快波波速，该曲线未在图 2-5(a)中给出；但可以从图 2-5(b)中得到，即当 $\omega>\omega_c'$时，衰减因子再次出现，而该现象未在本书理论中出现。

图 2-6 为不同入射波频率下剪切波传播特性及衰减因子变化曲线。此处，衰减因子 Q^{-1}定义为 $Q^{-1}=2\text{Im}(k_s)/\text{Re}(k_s)$。由图可知，Biot 理论计算值显示，高频范围内波速保持不变，然而衰减因子在频率超过 20 kHz 时开始下降。值得注意的是，Lopatnikov 等[8]的理论计算的剪切波没有绘制在图中，因为该理论计算的剪切波与 Biot 理论完全一致。由图还可以看出，本书提出的理论显示，当入射波频率超过 0.2 MHz 时，剪切波速将迅速减小，说明剪切波具有高耗散性，以至于其不能在高频范围内传播。基于对快波和慢波的讨论，可得出以下结论：当 $f<0.2$ MHz 时，存在两种压缩波一种剪切波；当 0.2 MHz$<f<$0.476 MHz时，可观察到两种压缩波；当 $f>0.476$ MHz 时，仅能观察到一种压缩波。该临界频率可能与介质有关，但对于不同介质，均可通过本书提出的理论得出。

2.4.3　非局部参数影响分析

图 2-7 至图 2-9 为波速和衰减因子随非局部参数的变化曲线。入射波频率为 0.1 MHz，同时给出 Biot 理论结果作为参考。如图 2-7 所示，非局部参数对快波影响很显著，随非局部参数的增加，波速逐渐减小，而衰减因子逐渐增加。因为随着非局部参数的增加，所以由孔隙波动产生的惯性力也在增加，如耗散力及孔隙动力，由此导致非局部效应变得越来越显著。

图 2-8 给出的慢波波速变化规律与快波类似，但其衰减因子却与快波相反。衰减因子的变化规律似乎不太合理。然而，通过分别分析 $\text{Re}(|\boldsymbol{q}|_{+2})$和 $\text{Im}(|\boldsymbol{q}|_{+2})$可以发现，随着非局部参数的增加，$\text{Re}[|\boldsymbol{q}|_{+2}]$和 $\text{Im}[|\boldsymbol{q}|_{+2}]$均增加，说明随着非局部参数的增加，耗散增强。如图 2-8(a)所示，当 τ 接近 τ_0 时，慢波消失。由式(2-21)可得，$\tau=\sqrt{(\lambda+2\mu)/(\rho-\alpha\rho_f)}/\omega_c$。如果将 $\omega=2\pi\times 10^5$ rad/s代入上式，可得 $\tau_0=0.476$ mm。当 $\tau>\tau_0$ 时，临界频率大于 0.1 MHz，慢波将会向后传播。临界非局部参数 τ_0 随着入射波频率的不同而不同，但均可通过上式得到。

最后，我们将研究不同非局部参数下剪切波的传播特性。当 $\tau<0.22$ mm 时，波速随着非局部参数的增加而增加，衰减因此随着非局部参数的增加而减小，这与快波的变化规律是一致的。然而，当 $\tau>0.22$ mm 时，剪切波速迅速增加，同时衰减因子也迅速增加，因此，剪切波具有强衰减性，以至于其在非局部参数较大时无法传播。由图 2-7 至图 2-9 可知，入射频率为 0.1 MHz：当 $\tau<0.22$ mm 时，三种波均可以被观察到；当 0.22 mm$<\tau<$0.476 mm 时，剪切波将消失，可以观察到两种压缩波；当 $\tau>0.476$ mm 时，仅有一种压缩波可以被观察到。上述非局部参数的临界值与材料性质有关，但均可通过数值分析的方法得到。

2.5 本章小结

本章结合经典 Biot 理论和非局部弹性理论，构建了非局部 Biot 理论。该模型是基于考虑流体非局部项和不考虑流体非局部项两种情况提出的。通过与试验结果对比发现，不考虑流体非局部项的理论更适合预测孔隙介质中波的传播特性。本书提出的理论与 Biot 理论类似，可预测两种压缩波和一种剪切波。与 Biot 理论不同的是，本书提出的理论得出的波速与入射波频率和非局部参数均有关系：由试验观察结果观察到快波和剪切波负色散现象，而 Biot 理论无法预测到该现象，但本书提出的理论可以预测到该负色散现象。由实际情况可知，波速与衰减系数和入射波频率有关。当入射波频率超过临界频率时，慢波将会向后传播。然而，向后传播的波由于高衰减性，实际上并不能产生。对于剪切波来说，当入射波频率超过临界频率时，波速和衰减因子都迅速增加，但剪切波由于高耗散性而无法向外传播。因此，当入射波频率小于某一数值时，三种波均可以被观察到；当入射波频率位于某一数值和临界频率之间时，剪切波将消失；当入射波频率大于某一数值时，仅有一种压缩波存在。

本章还研究了波速及衰减因子随非局部参数的变化情况：随着非局部参数的增加，当其超过某一定值时，三种波的耗散均减弱，剪切波和慢波将消失。对非局部参数进行物理分析表明，非局部参数包含两种效应：一是孔隙波动所产生的惯性力；二是非局部弹性本构自然产生的孔隙尺寸效应。

总的来说，本书提出的理论可以预测以下物理现象：随着入射波频率的增加，剪切波存在负色散现象和慢波反向传播现象；另外，当入射波频率超过某个阈值时，慢波和剪切波将出现无法传播的现象。

本章参考文献

[1] BIOT M A. Theory of propagation of elastic waves in a fluid-saturated porous solid. II. higher frequency range[J]. The journal of the acoustical society of America,1956,28(2):179-191.

[2] BIOT M A. Theory of propagation of elastic waves in a fluid-saturated porous solid. I. low-frequency range[J]. The journal of the acoustical society of America,1956,28(2):168-178.

[3] BIOT M A. Mechanics of deformation and acoustic propagation in porous media[J]. Journal of applied physics,1962,33(4):1482-1498.

[4] LEE K I,HUMPHREY V F,KIM B N,et al. Frequency dependencies of phase velocity and attenuation coefficient in a water-saturated sandy sediment from 0. 3 to 1. 0 MHz[J]. The journal of the acoustical society of America,2007,121(5 pt1):2553-2558.

[5] ERINGEN A C. On differential equations of nonlocal elasticity and solutions of screw dislocation and surface waves[J]. Journal of Applied physics,1983,54(9):4703-4710.

[6] TONG L H,YU Y,HU W T,et al. On wave propagation characteristics in fluid saturated porous materials by a nonlocal Biot theory[J]. Journal of sound and vibration,2016,379:106-118.

[7] CHAKRABORTY A. Prediction of negative dispersion by a nonlocal poroelastic theory[J]. The journal of the acoustical society of America,2008,123(1):56-67.

[8] LOPATNIKOV S L,CHENG A H D. Macroscopic Lagrangian formulation of poroelasticity with porosity dynamics[J]. Journal of the mechanics and physics of solids,2004,52(12):2801-2839.

[9] BOUZIDI Y,SCHMITT D R. Measurement of the speed and attenuation of the Biot slow wave using a large ultrasonic transmitter[J]. Journal of geophysical research:solid earth,2009,114(B8):B08201.

第3章 孔隙尺寸效应对Rayleigh波场的影响

3.1 概　　述

Rayleigh于1885年研究弹性半空间波传播特性时发现了一种不同于体波的表面波，该波的能量主要集中于介质的表面，且随介质深度方向迅速衰减，后人称之为Rayleigh波[1-5]。研究表明，Rayleigh波是P波和SV波相互作用产生的，也是地震波的重要组成部分。地震波传播过程中，Rayleigh波能量占主导地位，危害性极大。研究Rayleigh波，一方面可用于估算剪切波速，另一方面可为地质雷达的设计提供参考，还可以为表面隔振设计提供理论基础，因而Rayleigh波受到学者们的广泛关注。

随着经典Biot理论的建立，国内外大批学者对介质中的Rayleigh波展开了研究。例如：琼斯(Jones)[6]忽略了Biot理论中惯性项，求解了饱和孔隙弹性介质中Rayleigh波的波速，并讨论了其影响因素；塔杰丁(Tajuddin)[7]基于Biot理论，考虑饱和介质中的P波及SV波的耦合作用，求解了地表的Rayleigh波，给出地表透水及不透水工况下Rayleigh波的特征方程。然而，以往关于饱和土中Rayleigh波的研究都是基于经典Biot理论。由本书第2章可知，经典Biot理论由于没有考虑孔隙尺寸效应的影响，使得在高频区域预测的结果与实际存在差异。为此，本章将基于非局部Biot理论，将研究饱和土中Rayleigh波的传播特性，以考虑孔隙尺寸效应的影响。

3.2 计算模型

非局部Biot理论控制方程见式(2-7)。为了简化推导，我们将该问题简化为平面应变问题，则平面内的位移分量可表示为：

$$\begin{cases} u_x = \dfrac{\partial \varphi_1}{\partial x} - \dfrac{\partial \psi_{12}}{\partial z}, u_z = \dfrac{\partial \varphi_1}{\partial z} + \dfrac{\partial \psi_{12}}{\partial x} \\ w_x = \dfrac{\partial \varphi_2}{\partial x} - \dfrac{\partial \psi_{22}}{\partial z}, w_z = \dfrac{\partial \varphi_2}{\partial z} + \dfrac{\partial \psi_{22}}{\partial x} \end{cases} \tag{3-1}$$

其中，ψ_{12}和ψ_{22}分别为矢量ψ_1和ψ_2的第二分量。为了简便起见，在后面的推导过程中用ψ_1和ψ_2代替ψ_{12}和ψ_{22}。将式(3-1)代入式(2-7)，并消去$\psi_i(i=1,2)$，可以得到如下计算式：

$$\begin{cases} (\lambda + 2\mu + \alpha^2 M)\nabla^2\varphi_1 + \alpha M \nabla^2\varphi_2 + \rho\tau^2 \nabla^2\ddot{\varphi}_1 + \rho_f\tau^2 \nabla^2\ddot{\varphi}_2 - \rho\ddot{\varphi}_1 - \rho_f\ddot{\varphi}_2 = 0 \\ \alpha M \nabla^2\varphi_1 + M\nabla^2\varphi_2 - \rho_f\ddot{\varphi}_1 - m\ddot{\varphi}_2 - \dfrac{\eta F(\zeta)}{\kappa}\dot{\varphi}_2 = 0 \end{cases} \tag{3-2}$$

当简谐平面波沿x方向传播时，式(3-2)的解可表示为：

$$\begin{cases} \varphi_i = F_i(z)\mathrm{e}^{\mathrm{i}(\omega t - kx)} \\ \psi_i = G_i(z)\mathrm{e}^{\mathrm{i}(\omega t - kx)} \end{cases} \quad (i = 1,2) \tag{3-3}$$

式中，k为波数；ω为圆频率。

将式(3-3)中第一式代入式(3-2)可得：

$$\begin{cases} \dfrac{\lambda + 2\mu + \alpha^2 M - \rho\tau^2\omega^2}{\alpha M - \rho_f\tau^2\omega^2}\nabla^2\varphi_1 + \nabla^2\varphi_2 + \dfrac{\omega^2}{\alpha M - \rho_f\tau^2\omega^2}(\rho\varphi_1 + \rho_f\varphi_2) = 0 \\ \alpha\nabla^2\varphi_1 + \nabla^2\varphi_2 + \dfrac{\rho_f\omega^2}{M}\varphi_1 + \dfrac{m\omega^2 - \dfrac{\mathrm{i}\omega\eta F(\zeta)}{\kappa}}{M}\varphi_2 = 0 \end{cases} \tag{3-4}$$

消去式(3-4)中的φ_2，可得到关于φ_1的四阶方程，即：

$$\nabla^4\varphi_1 + \beta_5\omega^2\nabla^2\varphi_1 + \beta_6\omega^4\varphi_1 = 0 \tag{3-5}$$

$\beta_i(i = 1,2,\cdots,6)$的计算式为：

$$\beta_1 = \frac{\lambda + 2\mu + \alpha^2 M - \rho\tau^2\omega^2}{\alpha M - \rho_f\tau^2\omega^2} - \alpha, \beta_4 = \frac{m - \mathrm{i}\eta F(\zeta)/(\kappa\omega)}{M}$$

$$\beta_2 = \frac{\rho}{\alpha M - \rho_f\tau^2\omega^2} - \frac{\rho_f}{M}, \beta_5 = \frac{\beta_2}{\beta_1} + \beta_4 - \frac{\alpha\beta_3}{\beta_1}$$

$$\beta_3 = \frac{\rho_f}{\alpha M - \rho_f\tau^2\omega^2} - \beta_4, \beta_6 = \frac{\beta_2\beta_4}{\beta_1} - \frac{\rho_f\beta_3}{\beta_1 M}$$

由式(3-5)可获得关于$F_1(z)$的四阶方程，即：

$$\left(\frac{\mathrm{d}^2}{\mathrm{d}z^2} + k^2 s_1^2\right)\left(\frac{\mathrm{d}^2}{\mathrm{d}z^2} + k^2 s_2^2\right)F_1(z) = 0 \tag{3-6}$$

式中，$s_i^2 = (k_i^2/k^2) - 1, i = 1,2$；$k_1$和$k_2$为快波和慢波的波数，其满足方程$k_1^2 +$

$k_2^2 = \beta_5 \omega^2$ 和 $k_1^2 k_2^2 = \beta_6 \omega^4$。

式(3-6)的通解为：

$$F_1(z) = A_1 \mathrm{e}^{\mathrm{i}ks_1 z} + A_2 \mathrm{e}^{\mathrm{i}ks_2 z} \tag{3-7}$$

式中，A_1 和 A_2 分别为待定常数。

利用式(3-4)中第二式，可将 $F_2(z)$ 表示为：

$$F_2(z) = A_1 B_1 \mathrm{e}^{\mathrm{i}ks_1 z} + A_2 B_2 \mathrm{e}^{\mathrm{i}ks_2 z} \tag{3-8}$$

式中，$B_i = (1 + s_i^2) \dfrac{\beta_1 k^2}{\beta_3 \omega^2} - \dfrac{\beta_2}{\beta_3}$，$i=1,2$。

用式(3-1)和式(2-7)消去 $\varphi_i\ (i=1,2)$，可以得到关于 $\psi_i\ (i=1,2)$ 的计算式，即：

$$\begin{cases} (\mu - \rho\tau^2\omega^2)\nabla^2 \boldsymbol{\psi}_1 - \rho_\mathrm{f}\tau^2\omega^2\ \nabla^2 \boldsymbol{\psi}_2 + \rho\omega^2 \boldsymbol{\psi}_1 + \rho_\mathrm{f}\omega^2 \boldsymbol{\psi}_2 = 0 \\ \boldsymbol{\psi}_2 = \dfrac{\rho_\mathrm{f}}{\dfrac{\mathrm{i}\eta F(\zeta)}{\kappa\omega} - m} \boldsymbol{\psi}_1 \end{cases} \tag{3-9}$$

将式(3-9)中的第二个式子代入第一式，可得：

$$H_1 \nabla^2 \boldsymbol{\psi}_1 + H_2 \omega^2 \boldsymbol{\psi}_1 = 0 \tag{3-10}$$

式中，$H_1 = \mu - \rho\tau^2\omega^2 - \rho_\mathrm{f}^2\tau^2\omega^2 / [\mathrm{i}\eta F(\zeta)/(\kappa\omega) - m]$；$H_2 = \rho + \rho_\mathrm{f}{}^2 / [i\eta/(\kappa\omega) - m]$。

由式(3-10)可看出，仅存在一种剪切波。由式(3-10)可得到关于 $G_1(z)$ 的方程，即

$$\frac{\mathrm{d}^2 G_1(z)}{\mathrm{d}z^2} + \left(\frac{H_2}{H_1}\omega^2 - k^2\right) G_1(z) = 0 \tag{3-11}$$

式中，$s_3^2 = k_\mathrm{s}^2 / k^2 - 1$，其中 k_s^2 为剪切波的波数，$k_\mathrm{s}^2 = H_2 \omega^2 / H_1$。

式(3-11)的通解可表示为：

$$G_1(z) = A_3 \mathrm{e}^{\mathrm{i}ks_3 z} \tag{3-12}$$

式中，A_3 为常数。

根据式(3-9)中第二个式子，$G_2(z)$ 可表示为：

$$G_2(z) = A_3 B_3 \mathrm{e}^{\mathrm{i}ks_3 z} \tag{3-13}$$

式中，$B_3 = \rho_\mathrm{f} / [\mathrm{i}\eta F(\zeta)/(\kappa\omega) - m]$。

3.3 Rayleigh 波场求解

由式(3-1)可知，位移可采用位移势函数 $\varphi_i(i = 1,2)$ 和 $\psi_i(i = 1,2)$ 确定。由第 2 章可知，非局部 Biot 理论的本构方程为：

$$(1 - \tau^2\ \nabla^2)\sigma_{ij} = \sigma_{ij}^\mathrm{L} \tag{3-14}$$

式中，σ_{ij} 为非局部应力；σ_{ij}^{L} 为局部应力或经典应力。

理论上，由式(3-14)可获得非局部应力，而局部应力 σ_{ij}^{L} 可由经典 Biot 理论获得：

$$\begin{cases}\sigma_{ij}^{L} = 2\mu\varepsilon_{ij} + \lambda\delta_{ij}e - \alpha\delta_{ij}P_{f} \\ P_{f} = -\alpha Me + M\xi\end{cases} \tag{3-15}$$

然而，通过式(3-14)很难直接获得非局部应力 σ_{ij} 的解析解。采用泰勒展开，式(3-14)可表示为：

$$\sigma_{ij} = \sigma_{ij}^{L} + \sum_{n=1}^{\infty}\tau^{2n}\nabla^{2n}\sigma_{ij}^{L} \tag{3-16}$$

假设局部应力可表示为 $\sigma_{11}^{L} = A_{0}e^{i(\omega t-kx)}$。式(3-16)等式的右边，第 i 阶项与第一阶项的比值为 $(\tau k)^{2(i-1)}$。而非局部参数 τ 的数量级为 10^{-3} m。因此，比值 $(\tau k)^{2(i-1)}$ 相对于二阶项为无穷小项，高阶项可以被忽略。

由式(3-3)、式(3-15)和式(3-16)可知，非局部应力 σ_{xz}、σ_{zz} 和孔压 P_{f} 可由位移表示为：

$$\begin{cases}\sigma_{xz} = \left[(1-\tau^{2}k_{s}^{2})N_{3}A_{3}e^{iks_{3}z} + \sum\limits_{i=1,2}(1-\tau^{2}k_{i}^{2})N_{i}A_{i}e^{iks_{i}z}\right]e^{i(\omega t-kx)} \\ \sigma_{zz} = \left[2(1-\tau^{2}k_{s}^{2})(1-s_{3}^{2})k^{2}A_{3}e^{iks_{3}z} + \sum\limits_{i=1,2}2(1-\tau^{2}k_{i}^{2})k^{2}s_{i}A_{i}e^{iks_{i}z}\right]\mu e^{i(\omega t-kx)} \\ P_{f} = \sum\limits_{i=1,2}(\alpha+B_{i})Mk_{i}^{2}A_{i}e^{iks_{i}z}e^{i(\omega t-kx)}\end{cases} \tag{3-17}$$

式中，$N_{i} = 2\mu k^{2} - (\lambda + 2\mu + \alpha^{2}M + \alpha MB_{1})k_{i}^{2}\ (i = 1,2)$ 和 $N_{3} = -2\mu s_{3}k^{2}$。

在 $z = 0$ 面上，透水边界条件为：

$$\begin{cases}\sigma_{xz} = 0 \\ \sigma_{zz} + P_{f} = 0 \\ P_{f} = 0\end{cases} \tag{3-18}$$

不透水边界条件为：

$$\begin{cases}\sigma_{xz} = 0 \\ \sigma_{zz} + P_{f} = 0 \\ \dfrac{\partial P_{f}}{\partial z} = 0\end{cases} \tag{3-19}$$

根据式(3-17)～式(3-19)可知，由于两种边界条件的求解相似，本书仅研究边界条件为路基表面透水时(此情况也是实际路基工程中最为常见的情况)的 Rayleigh 波在饱和土体中的传播特性。实际问题中的物理属性要求

$A_i(i=1,2,3)$ 存在非平凡解，即要求以 A_i 为系数的行列式值为 0，$|a_{ij}|=0(i,j=1,2,3)$。其中：

$$a_{11}=2(1-\tau^2k_1^2)s_1, a_{12}=2(1-\tau^2k_2^2)s_2, a_{13}=(1-s_3^2)(1-\tau^2k_s^2)$$

$$a_{21}=(1-\tau^2k_1^2)N_1, a_{22}=(1-\tau^2k_2^2)N_2, a_{23}=(1-\tau^2k_s^2)N_3$$

$$a_{31}=(\alpha+B_1)Mk_1^2, a_{32}=(\alpha+B_2)Mk_2^2, a_{33}=0$$

上式与波数 k 有关，如已知波数 k 的值，可由 $v_R=\omega/\mathrm{Re}(k)$ 计算出Rayleigh波波速，其中 $\mathrm{Re}(k)$表示 k 实部。等式 $[a_{ij}][A_j]=0$ 有非平凡解，则 A_1 和 A_2 可用 A_3 表示，即：

$$\begin{cases} A_1=\dfrac{a_{13}a_{32}}{a_{12}a_{31}-a_{11}a_{32}}A_3=R_{13}A_3 \\ A_2=-\dfrac{a_{13}a_{31}}{a_{12}a_{31}-a_{11}a_{32}}A_3=R_{23}A_3 \end{cases} \tag{3-20}$$

因此，固体的位移场可表示为：

$$\begin{cases} u_z=\mathrm{i}k(s_1R_{13}\mathrm{e}^{\mathrm{i}ks_1z}+s_2R_{23}\mathrm{e}^{\mathrm{i}ks_2z}-\mathrm{e}^{\mathrm{i}ks_3z})A_3\mathrm{e}^{\mathrm{i}(\omega t-kx)} \\ u_x=-\mathrm{i}k(R_{13}\mathrm{e}^{\mathrm{i}ks_1z}+R_{23}\mathrm{e}^{\mathrm{i}ks_2z}-s_3\mathrm{e}^{\mathrm{i}ks_3z})A_3\mathrm{e}^{\mathrm{i}(\omega t-kx)} \end{cases} \tag{3-21}$$

同理，可解得流体相对土骨架位移分量。上式中，土骨架位移由 3 部分组成，前两部分来自快波和慢波，最后那部分来自剪切波。数值分析结果表明，Rayleigh波的能量主要来自于剪切波，因而通常用剪切波波速估计 Rayleigh 波波速。

3.4 计算结果及讨论

为了研究 Rayleigh 波在饱和土体中的传播特性以及非局部参数对Rayleigh波传播特性的影响，选取的参数如下：$\rho_s=2\ 650\ \mathrm{kg/m^3}$，$\rho_f=1\ 000\ \mathrm{kg/m^3}$，$K_f=2.25\ \mathrm{GPa}$，$K_s=36\ \mathrm{GPa}$，$K_b=43.6\ \mathrm{MPa}$，$\mu=26.1\ \mathrm{MPa}$，$\eta_0=0.47$，$\kappa=1\times10^{-10}\ \mathrm{m^{-2}}$，$\eta=0.001\ \mathrm{Pa\cdot s}$，$\xi=1$，$a=23\ \mu\mathrm{m}$。曲度因子取 $\tilde{\alpha}=1-r(1-1/n_0)$，其中 $0\leqslant r\leqslant1$，本章选取 $r=0.5$，因此曲度因子 $\tilde{\alpha}=1-r(1-1/n_0)$。由第 2 章的非局部 Biot 理论可知，非局部参数 τ 包含孔隙尺寸和孔隙动力效应，其近似取值可参照第 2 章内容。

图 3-1(a)为 Rayleigh 波的波速与剪切波的波速对比图。根据曲线的变化趋势，将其划分为 3 个区域。在第一个区域内，Rayleigh 波和剪切波波速基本保持不变。当频率超过第一个临界值(270～280 Hz)时，即第二个区域内，波速随频率的增大而增大。当频率超过第二个临界值(约为 1 500 Hz)时，即在第三个区域内非局部参数 $\tau=0$ m 时，波速随频率的增大略微增大(即经典 Biot 理论给

出的预测结果)；而当非局部参数 $\tau=0.005$ m 时，波速随频率的增大骤减(本模型的预测结果)。为进一步研究非局部参数对 Rayleigh 波波速的影响，图 3-1(b)给出了不同非局部参数下 Rayleigh 波波速随频率的变化曲线。当 $\tau=0.001$ m 时，波速随频率的增大而呈现出减小的趋势。当非局部参数继续增大到 $\tau=0.01$ m 时，频率超过第一个临界值(270～280 Hz)时，即在第二个区域内，波速随频率的增大而骤减。

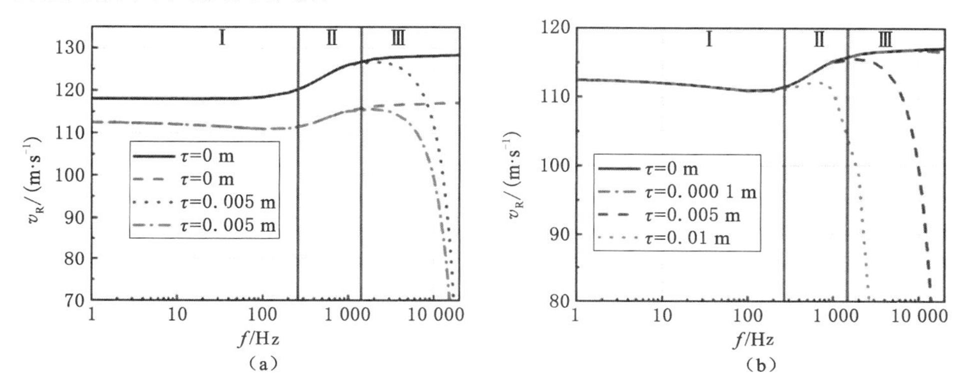

图 3-1　Rayleigh 波波速和剪切波波速随频率变化对比与不同非局部参数下 Rayleigh 波波速随频率的变化曲线

由图 3-1 可知，Rayleigh 波的波速与剪切波的波速随频率的变化趋势一致。图 3-2给出了不同非局部参数下，快波、慢波和剪切波对 Rayleigh 波的能量贡献分布图。由图 3-2(a)可知，剪切波的能量贡献比始终高于快波和慢波。在低频范围内，慢波对 Rayleigh 波的能量贡献非常小，在实际工程中可以将其忽略。但随着频率的增大，慢波的能量贡献比逐渐增大，在高频范围内，不可以将其忽

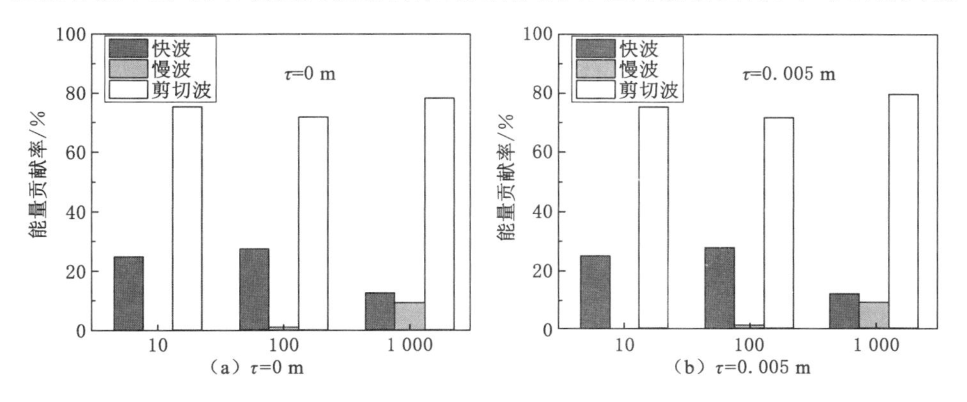

图 3-2　快波、慢波和剪切波对 Rayleigh 波的能量贡献分布图

略。由图 3-2(b)可知,当非局部参数 $\tau=0.005$ m 时,快波、慢波和剪切波对瑞利波的能量贡献分布规律与图 3-2(a)一致。因此,非局部参数对 Rayleigh 波的能量贡献分布影响较小。

为研究 Rayleigh 波的衰减特性,图 3-3 给出了不同非局部参数下耗散角随频率的变化曲线。由图 3-3 可知,在低频范围内,非局部参数对耗散角的影响很小,此时耗散角随着频率的增大而增大。然而,当频率超过临界值时,对于不同的非局部参数,耗散角的变化呈现出明显的差异。对于 $\tau=0.001$ m,临界频率为 10 kHz,此时耗散角随频率的增大而减小;对于 $\tau=0.005$ m,临界频率减小到 2 kHz,且耗散角随频率的增大先减小而后急剧增大,此时 Rayleigh 波的衰减剧增,即当频率超过临界值时,Rayleigh 波无法传播出去。由此可知,当频率超过临界值时,剪切波的迅速衰减导致 Rayleigh 波的迅速衰减,即 Rayleigh 波的传播特性取决于剪切波的传播特性。

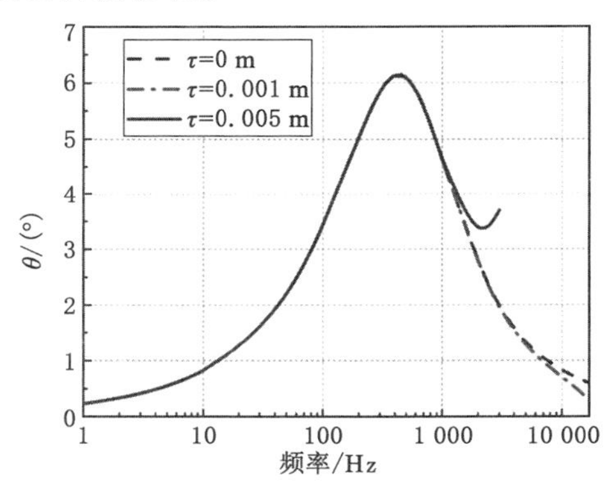

图 3-3　不同非局部参数下耗散角随频率的变化曲线

图 3-4 给出了不同非局部参数和频率下由 Rayleigh 波引起的位移场。在均匀单相介质中,任意深度处,质点的运动轨迹为椭圆,且椭圆长轴沿着竖直方向,短轴沿着水平方向。而在孔隙材料中,如饱和土体中,质点运动轨迹的椭圆长轴随着深度的增加,相对于竖直方向反向旋转。图 3-4(a)和(b)给出了频率 $f=10$ Hz时,不同深度处质点的运动轨迹,对应的非局部参数分别为 $\tau=0$ m 和 $\tau=0.005$ m。由图 3-4(a)可知,当频率较低时,椭圆长轴相对竖直方向的偏转随着深度的增加而减小,说明 u_z 和 u_x 之间的相位差与深度有关。由图 3-4(c)可知,当频率增大到 $f=3$ kHz 时,椭圆长轴沿深度反向旋转的角度减小了。而当非局部参数增大到 $\tau=0.005$ m 时,椭圆长轴相对竖直方向的偏转随着深度的增加变化极小,如图 3-4(d)所示。

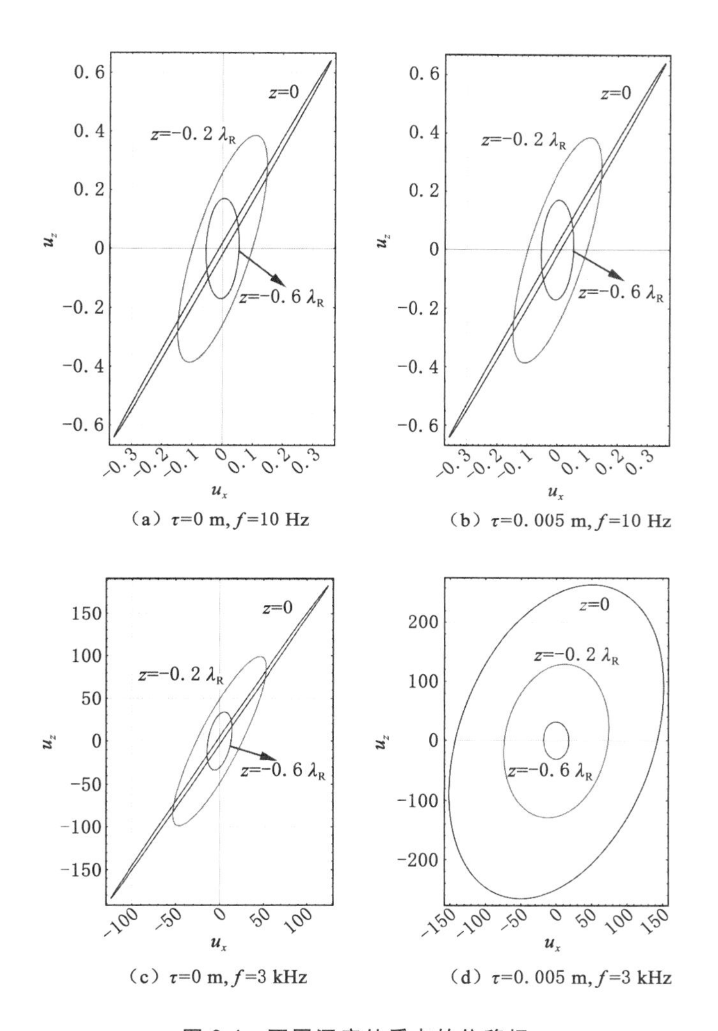

（a）τ=0 m, f=10 Hz　（b）τ=0.005 m, f=10 Hz

（c）τ=0 m, f=3 kHz　（d）τ=0.005 m, f=3 kHz

图 3-4　不同深度处质点的位移场

为研究非局部参数对位移响应的影响，图 3-5 给出了不同频率下，竖向位移沿深度变化对比图。由图 3-5 可知，当频率较低时(f=10 Hz)，非局部参数对位移的影响非常小。而当频率较高时(f=3 000 Hz)，非局部参数 τ=0.005 m 所对应的衰减系数更高，位移衰减得更快，这与图 3-4 中的观察结果相一致。此外，非局部参数越大，其位移响应幅值也更大。

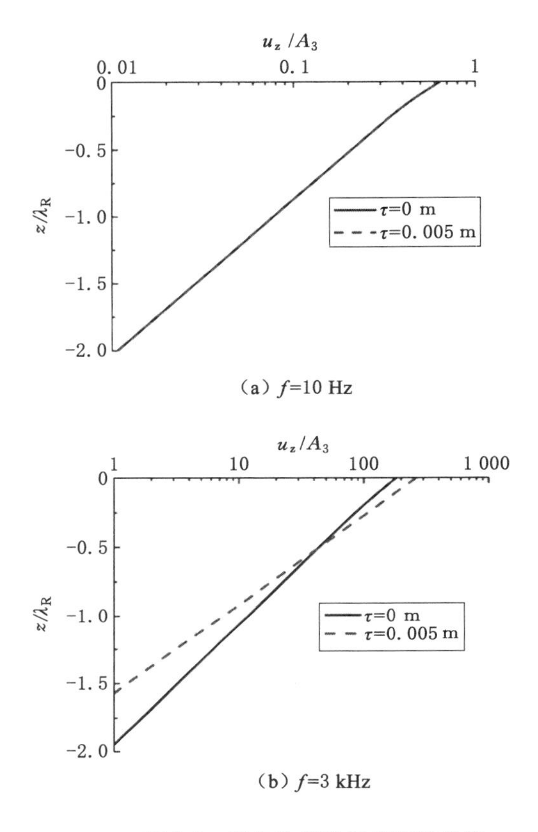

图 3-5 竖向位移沿深度变化曲线

3.5 本章小结

本章基于非局部孔隙介质理论，主要研究了非局部参数对 Rayleigh 波在饱和土体中传播特性的影响，给出了不同非局部参数和频率下由 Rayleigh 波引起的位移场的预测结果，并且详细分析了 Rayleigh 波的衰减特性以及不同非局部参数下位移幅值随深度的衰减情况。本章主要结论如下：

(1) 在低频范围内，非局部参数对 Rayleigh 波的波速影响较小，随着频率的增大，非局部参数对 Rayleigh 波的波速的影响逐渐增强。当频率超过临界值时，Rayleigh 波的波速随着频率的增大而减小。

(2) 由快波、慢波和剪切波对 Rayleigh 波的能量贡献分布图可知：非局部参数对 Rayleigh 波的能量贡献分布影响较小，且 Rayleigh 波的能量主要由剪切波提供，即剪切波的波动特性决定了 Rayleigh 波的波动特性。

（3）对于非局部参数 $\tau=0.005$ m，当频率超过临界值时，Rayleigh 波衰减过大，无法向外传播；当频率较高时，随着非局部参数的增大位移幅值沿深度衰减得越快。由于饱和土体的竖向位移与水平位移之间的相位差随深度的增加而增大，粒子的运动轨迹所对应的椭圆长轴将发生逆时针偏转。

本章参考文献

[1] LO W C. Propagation and attenuation of Rayleigh waves in a semi-infinite unsaturated poroelastic medium[J]. Advances in water resources, 2008, 31(10):1399-1410.

[2] ZHANG Y, XU Y X, XIA J H, et al. On effective characteristic of Rayleigh surface wave propagation in porous fluid-saturated media at low frequencies[J]. Soil dynamics and earthquake engineering, 2014, 57:94-103.

[3] MA Q, ZHOU F X. Propagation conditions of Rayleigh waves in nonhomogeneous saturated porous media[J]. Soil mechanics and foundation engineering, 2016, 53(4):268-273.

[4] BERRYMAN J G. Elastic wave propagation in fluid-saturated porous media[J]. The journal of the acoustical society of America, 1981, 69(2):416-424.

[5] TONG L H, LAI S K, ZENG L L, et al. Nonlocal scale effect on Rayleigh wave propagation in porous fluid-saturated materials[J]. International journal of mechanical sciences, 2018, 148:459-466.

[6] JONES J P. Rayleigh waves in a porous, elastic, saturated solid[J]. The journal of the acoustical society of America, 1961, 33(7):959-962.

[7] TAJUDDIN M. Rayleigh waves in a poroelastic half-space[J]. The journal of the acoustical society of America, 1984, 75(3):682-684.

第 4 章　非局部 Biot 理论在隧道动力响应中的应用

4.1　概　　述

近年来,我国开始大规模修建城市地铁,有效地缓解了城市路面交通拥堵的问题。随着地下空间开发规模持续增加,地下结构的安全性问题也引起了人们的注意。然而,造成地下结构破坏的主要因素是地震的作用,如 1995 年日本阪神地震及 2008 年汶川大地震后地下结构都发生了严重的破坏(图 1-1)。

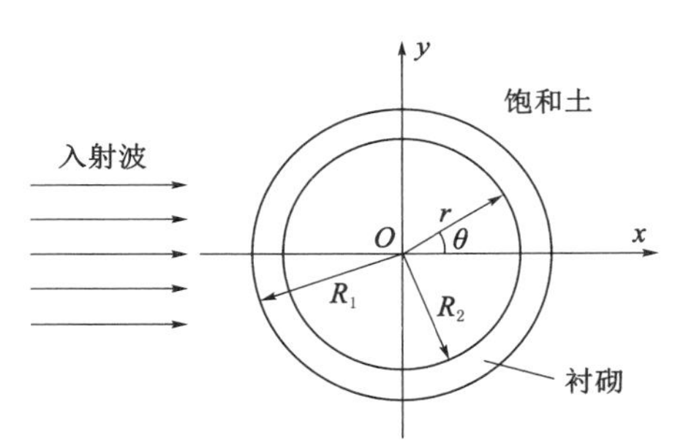

图 4-1　饱和土中深埋圆柱形衬砌示意图

以往针对饱和土介质中衬砌结构的动力响应问题的研究都是基于经典 Biot 理论,而由第 2 章可知,高频下 Biot 理论所预测的波传播特性与试验结果存在一定的偏差。为此,本章拟基于第 2 章所提出的非局部 Biot 理论,研究地震波作用下衬砌结构的动力响应问题。本章主要介绍深埋衬砌、浅埋衬砌及浅埋复合式衬砌的动力响应问题。

4.2　深埋隧道对地震波的散射

4.2.1　计算模型及饱和土中散射波场

图 4-1 为饱和土中深埋圆柱形衬砌示意图。全空间饱和土中存在内半径为 R_2、外半径为 R_1 的圆形衬砌结构。饱和土介质为弹性、均匀及各向同性，其性质由拉梅常数 λ、G 以及 Biot 参数 α、M 和密度 ρ 确定。假设入射的地震波(以 P 波为例)，沿 x 轴正方向传播至衬砌外边界，则入射波势函数可表示为：

$$\varphi^{(i)} = \varphi_0 \mathrm{e}^{\mathrm{i}(k_1 x - \omega t)} \tag{4-1}$$

式中，k_1 为入射波波数；φ_0 为入射波振幅；ω 为入射波圆频率。

为了后面求解方便，将入射波势函数展开为柱坐标系下的级数形式：

$$\varphi^{(i)} = \varphi_0 \sum_{n=0}^{\infty} \varepsilon_n i^n J_n(k_1 r) \cos n\theta \cdot \mathrm{e}^{-\mathrm{i}\omega t} \tag{4-2}$$

式中，$J_n(k_1 r)$ 为第一类 n 阶 Bessel 函数。当 $n=0$ 时，$\varepsilon_n=1$；当 $n\geqslant 1$ 时，$\varepsilon_n=2$。

由第 2 章可知，可通过引入标量势函数和矢量势函数求解非局部 Biot 控制方程，从而得到饱和土介质中的波数及势函数计算式：

$$\begin{cases} (\lambda + \alpha^2 M + 2\mu - \rho\omega^2\tau^2)\nabla^2\varphi_{s1} - (\alpha M + \rho_f \omega^2 \tau^2)\nabla^2 \varphi_{s2} = \\ -\rho\omega^2\varphi_{s1} - \rho_f\omega^2\varphi_{s2} \\ \alpha M \nabla^2 \varphi_{s1} - M \nabla^2 \varphi_{s2} = -\rho_f \omega^2 \varphi_{s1} - \left[\dfrac{\rho_f}{n_0}\omega^2 + \dfrac{\mathrm{i}\omega\eta}{k}F(\zeta)\right]\varphi_{s2} \end{cases} \tag{4-3}$$

$$\begin{cases} (\mu - \rho\tau^2\omega^2)\nabla^2\boldsymbol{\psi}_{s1} - \rho_f\tau^2\omega^2\nabla^2\boldsymbol{\psi}_{s2} = -\rho\omega^2\boldsymbol{\psi}_{s1} - \rho_f\omega^2\boldsymbol{\psi}_{s2} \\ \rho_f\omega^2\boldsymbol{\psi}_{s1} + \left[\dfrac{\rho_f}{n_0}\omega^2 + \dfrac{\mathrm{i}\omega\eta}{k}F(\zeta)\right]\boldsymbol{\psi}_{s2} = 0 \end{cases} \tag{4-4}$$

式中，φ_{s1} 和 $\boldsymbol{\psi}_{s1}$ 分别为土骨架中标量及矢量势函数；φ_{s2} 和 $\boldsymbol{\psi}_{s2}$ 分别为流体中标量及矢量势函数。

通过消去式(4-3)中的 φ_{s2} 和式(4-4)中的 $\boldsymbol{\psi}_{s2}$，再根据赫姆霍兹(Helmholtz)方程，采用分离变量法可求得土骨架中势函数在极坐标下的通解为：

$$\begin{cases} \varphi_{ls1} = \sum\limits_{n=0}^{\infty} A_n H_n^{(1)}(k_1 r)\cos n\theta \\ \varphi_{ls2} = \sum\limits_{n=0}^{\infty} B_n H_n^{(1)}(k_2 r)\cos n\theta \\ \boldsymbol{\psi}_{ls} = \sum\limits_{n=0}^{\infty} C_n H_n^{(1)}(k_3 r)\sin n\theta \end{cases} \tag{4-5}$$

式中，A_n、B_n、C_n 分别为待定系数；$H_n^{(1)}(\cdot)$ 为第一类 n 阶汉克尔(Hankel)函数；k_1、k_2 和 k_3 分别为饱和土中 P_1 波、P_2 波和 SV 波波数，其计算式见第 2 章。

流体部分的势函数与土骨架势函数的幅值之比为一定值，则流体部分势函数为：

$$\begin{cases}\varphi_f = \varepsilon_1 \varphi_{ls1} + \varepsilon_2 \varphi_{ls2} \\ \boldsymbol{\psi}_f = \varepsilon_3 \psi_{ls}\end{cases}$$

式中，$\varepsilon_j = \dfrac{\beta_2\beta_4 - \beta_3\beta_6 + (\beta_5\beta_2 - \beta_1\beta_6)k_j^2}{\beta_4\beta_6 - \beta_2\beta_7}$，$j=1,2$；$\varepsilon_3 = -\dfrac{\beta_4}{\beta_7}$。

饱和土中总波场是由入射波场和饱和土中圆形衬砌的散射波场组成的，因此，P 波入射下饱和土中总波场为：

$$\begin{cases}\varphi_s = \varphi_{ls1} + \varphi_{ls2} + \varphi_i \\ \boldsymbol{\Psi}_s = \boldsymbol{\Psi}_{ls} + \boldsymbol{\Psi}_{hs} \\ \varphi_f = \varepsilon_1(\varphi_{ls1} + \varphi_i) + \varepsilon_2 \varphi_{ls2} \\ \boldsymbol{\Psi}_f = \varepsilon_3 \boldsymbol{\Psi}_f\end{cases} \tag{4-7}$$

4.2.2 衬砌内波场求解

由于衬砌为单相弹性均匀介质，因此衬砌内存在两种波，即压缩波和剪切波。在直角坐标系下，其运动方程及本构关系为：

$$\begin{aligned}&\mu_2 \nabla^2 \boldsymbol{u}_s + (\lambda_2 + \mu_2)\nabla(\nabla \cdot \boldsymbol{u}_s) = \rho_{sd}\ddot{\boldsymbol{u}}_s \\ &\boldsymbol{\sigma} = 2\mu_2\varepsilon + \lambda_2\delta_{ij}e\end{aligned} \tag{4-8}$$

式中，u_s 为衬砌介质位移；ρ_{sd} 为衬砌的密度；λ_2 和 μ_2 分别为衬砌结构的拉梅常数；ε 为应变张量；e 为体应变。

衬砌内存在与饱和土交界面引起的折射波和衬砌内表面产生的散射波。求解衬砌内波场的方法与求解饱和土中波场方法相同，引入由饱和土交界面引起的折射波标量势函数 Φ_{sd}^1 和矢量势函数 $\boldsymbol{\Psi}_{sd}^1$，及内表面产生的标量势函数 Φ_{sd}^2 和矢量势函数 $\boldsymbol{\Psi}_{sd}^2$ 为：

$$\begin{cases}\Phi_{sd}^1 = \sum\limits_{n=0}^{\infty} H_n^{(2)}(k_\alpha r) D_{n1}\cos n\theta \\ \boldsymbol{\Psi}_{sd}^1 = \sum\limits_{n=0}^{\infty} H_n^{(2)}(k_\beta r) E_{n1}\sin n\theta \\ \Phi_{sd}^2 = \sum\limits_{n=0}^{\infty} H_n^{(1)}(k_\alpha r) D_{n2}\cos n\theta \\ \boldsymbol{\Psi}_{sd}^2 = \sum\limits_{n=0}^{\infty} H_n^{(1)}(k_\beta r) E_{n2}\sin n\theta\end{cases} \tag{4-9}$$

式中，$H_n^{(2)}(\cdot)$ 为第二类 n 阶 Hankel 函数。因此，衬砌内总波场为：

$$\begin{cases}\Phi_{sd}=\Phi_{sd}^1+\Phi_{sd}^2\\ \boldsymbol{\Psi}_{sd}=\boldsymbol{\Psi}_{sd}^1+\boldsymbol{\Psi}_{sd}^2\end{cases} \tag{4-10}$$

4.2.3　边界条件及波场求解

利用边界条件求解饱和土和衬砌中势函数的待定系数。考虑饱和土体与衬砌交界面的连续条件，当 $r=R_1$ 时：

$$\begin{cases}u_r=u_{s,r}\\ u_\theta=u_{s,\theta}\\ \sigma_{rr}+P_f=\sigma_{s,r}\\ \sigma_{r\theta}=\sigma_{s,r\theta}\end{cases} \tag{4-11}$$

假设饱和土体与衬砌交界面为不透水边界，即在边界处孔隙水压力在 r 方向的水力梯度为零，当 $r=R_1$ 时：

$$\frac{\partial P_f}{\partial r}=0 \tag{4-12}$$

衬砌内表面为自由边界条件，当 $r=R_2$ 时：

$$\begin{cases}\sigma_{s,r}=0\\ \sigma_{s,r\theta}=0\end{cases} \tag{4-13}$$

式中，u_r、$u_{s,r}$ 分别为饱和土骨架和衬砌结构的径向位移；u_θ、$u_{s,\theta}$ 分别为饱和土骨架和衬砌结构切向位移；σ_{rr}、$\sigma_{s,r}$ 分别为饱和土骨架和衬砌结构的法向应力；$\sigma_{r\theta}$、$\sigma_{s,r\theta}$ 分别为饱和土骨架和衬砌结构的切向应力。

由第 2 章可知，非局部 Biot 理论的本构方程与经典 Biot 理论(局部)的关系为：$(1-\tau^2\nabla^2)\sigma_{ij}=\sigma_{ij}^L$($\sigma_{ij}^L$ 为经典 Biot 理论中总应力，σ_{ij} 为非局部 Biot 理论中总应力)，将上式改写成迭代表达式，即：

$$\sigma_{ij}=\sigma_{ij}^L+\sum_{n=1}^{\infty}\tau^{2n}\nabla^{2n}\sigma_{ij}^L \tag{4-14}$$

由于非局部参数为一个小量，因此略去高阶项，可得：

$$\sigma_{ij}=(1+\tau^2\nabla^2)\sigma_{ij}^L \tag{4-15}$$

因此，柱坐标下饱和土中应力位移与势函数关系为：

$$\begin{cases}u_r=\dfrac{\partial\varphi_1}{\partial r}+\dfrac{1}{r}\dfrac{\partial\boldsymbol{\psi}_1}{\partial\theta}\\ u_\theta=\dfrac{1}{r}\dfrac{\partial\varphi_1}{\partial\theta}-\dfrac{\partial\boldsymbol{\psi}_1}{\partial r}\\ w_r=\dfrac{\partial\varphi_2}{\partial r}+\dfrac{1}{r}\dfrac{\partial\boldsymbol{\psi}_2}{\partial\theta}\end{cases}$$

$$
\begin{cases}
\sigma_{rr} = 2\mu\left(\dfrac{\partial^2 \varphi_1}{\partial r^2} - \dfrac{1}{r^2}\dfrac{\partial \boldsymbol{\psi}_1}{\partial \theta} + \dfrac{1}{r}\dfrac{\partial^2 \boldsymbol{\psi}_1}{\partial r \partial \theta}\right) + \lambda_c \nabla^2 \varphi_1 + \lambda_c \tau^2 \nabla^4 \varphi_1 + \\
\qquad 2\mu \tau^2 \nabla^2 \left(\dfrac{\partial^2 \varphi_1}{\partial r^2} - \dfrac{1}{r^2}\dfrac{\partial \boldsymbol{\psi}_1}{\partial \theta} + \dfrac{1}{\mathrm{r}}\dfrac{\partial^2 \boldsymbol{\psi}_1}{\partial r \partial \theta}\right) + \alpha M \nabla^2 \varphi_2 + \alpha M \tau^2 \nabla^4 \varphi_2 \\
P_{\mathrm{f}} = -\alpha M \nabla^2 \varphi_1 - M \nabla^2 \varphi_2 \\
\sigma_{\theta\theta} = 2\mu\left(\dfrac{1}{r}\dfrac{\partial \varphi_1}{\partial r} + \dfrac{1}{r^2}\dfrac{\partial^2 \varphi_1}{\partial \theta^2}\right) + 2\mu\left(\dfrac{1}{r^2}\dfrac{\partial \boldsymbol{\psi}_1}{\partial \theta} - \dfrac{1}{r}\dfrac{\partial^2 \boldsymbol{\psi}_1}{\partial r \partial \theta}\right) + \lambda_c \nabla^2 \varphi_1 + \lambda_c \tau^2 \nabla^4 \varphi_1 + \\
\qquad 2\mu\tau^2 \nabla^2 \left(\dfrac{1}{r}\dfrac{\partial \varphi_1}{\partial r} + \dfrac{1}{r^2}\dfrac{\partial^2 \varphi_1}{\partial \theta^2} + \dfrac{1}{r^2}\dfrac{\partial \boldsymbol{\psi}_1}{\partial \theta} - \dfrac{1}{r}\dfrac{\partial^2 \boldsymbol{\psi}_1}{\partial r \partial \theta}\right) + \alpha M \nabla^2 \varphi_2 + \alpha M \tau^2 \nabla^4 \varphi_2 \\
\sigma_{r\theta} = 2\mu\left(\dfrac{1}{r}\dfrac{\partial^2 \varphi_1}{\partial r \partial \theta} - \dfrac{1}{r^2}\dfrac{\partial \varphi_1}{\partial \theta}\right) + \mu\left(\dfrac{1}{r^2}\dfrac{\partial^2 \boldsymbol{\psi}_1}{\partial \theta^2} + \dfrac{1}{r}\dfrac{\partial \boldsymbol{\psi}_1}{\partial r} - \dfrac{\partial^2 \boldsymbol{\psi}_1}{\partial r^2}\right) + \\
\qquad \mu \tau^2 \nabla^2 \left(-\dfrac{2}{r^2}\dfrac{\partial \varphi_1}{\partial \theta} + \dfrac{2}{r}\dfrac{\partial^2 \varphi_1}{\partial r \partial \theta} + \dfrac{1}{r^2}\dfrac{\partial^2 \boldsymbol{\psi}_1}{\partial \theta^2} + \dfrac{1}{r}\dfrac{\partial \boldsymbol{\psi}_1}{\partial r} - \dfrac{\partial^2 \boldsymbol{\psi}_1}{\partial r^2}\right)
\end{cases}
\tag{4-16}
$$

衬砌中应力、位移与势函数关系为：

$$
\begin{cases}
u_{s,r} = \dfrac{\partial \boldsymbol{\Phi}_{sd}}{\partial r} + \dfrac{1}{r}\dfrac{\partial \boldsymbol{\Psi}_{sd}}{\partial \theta} \\
u_{s,\theta} = \dfrac{1}{r}\dfrac{\partial \boldsymbol{\Phi}_{sd}}{\partial \theta} - \dfrac{\partial \boldsymbol{\Psi}_{sd}}{\partial r} \\
\sigma_{s,r} = \lambda_2 \nabla^2 \boldsymbol{\Phi}_{sd} + 2\mu_2\left(\dfrac{\partial^2 \boldsymbol{\Phi}_{sd}}{\partial r^2} - \dfrac{1}{r^2}\dfrac{\partial \boldsymbol{\Psi}_{sd}}{\partial \theta} + \dfrac{1}{r}\dfrac{\partial^2 \boldsymbol{\Psi}_{sd}}{\partial r \partial \theta}\right) \\
\sigma_{s,\theta} = \lambda_2 \nabla^2 \boldsymbol{\Phi}_{sd} + \dfrac{2\mu_2}{r}\left(\dfrac{\partial \boldsymbol{\Phi}_{sd}}{\partial r} + \dfrac{1}{r}\dfrac{\partial^2 \boldsymbol{\Phi}_{sd}}{\partial \theta^2}\right) + \dfrac{2\mu_2}{r}\left(\dfrac{1}{r}\dfrac{\partial \boldsymbol{\Psi}_{sd}}{\partial \theta} - \dfrac{\partial \boldsymbol{\Psi}_{sd}}{\partial r \partial \theta}\right) \\
\sigma_{s,r\theta} = 2\mu_2\left(\dfrac{1}{r}\dfrac{\partial^2 \boldsymbol{\Phi}_{sd}}{\partial r \partial \theta} - \dfrac{1}{r^2}\dfrac{\partial \boldsymbol{\Phi}_{sd}}{\partial \theta}\right) + \mu_2\left(\dfrac{1}{r^2}\dfrac{\partial^2 \boldsymbol{\Psi}_{sd}}{\partial \theta^2} + \dfrac{1}{r}\dfrac{\partial \boldsymbol{\Psi}_{sd}}{\partial r} - \dfrac{\partial^2 \boldsymbol{\Psi}_{sd}}{\partial r^2}\right)
\end{cases}
\tag{4-17}
$$

利用式(4-7)、式(4-10)以及式(4-11)至式(4-17)，求解各待定系数的矩阵，则：

$$
\begin{bmatrix}
N_{31} & N_{32} & 0 & 0 & 0 & 0 & 0 \\
-G_{11} & -G_{12} & -G_{13} & G_{14}^{(2)} & G_{14}^{(1)} & G_{15}^{(2)} & G_{15}^{(1)} \\
-L_{21} & -L_{22} & -L_{23} & L_{24}^{(2)} & L_{24}^{(1)} & L_{25}^{(2)} & L_{25}^{(1)} \\
-P_{41} & -P_{42} & -P_{43} & P_{44}^{(2)} & P_{44}^{(1)} & P_{45}^{(2)} & P_{45}^{(1)} \\
-Q_{51} & -Q_{52} & -Q_{53} & Q_{54}^{(2)} & Q_{54}^{(1)} & Q_{55}^{(2)} & Q_{55}^{(1)} \\
0 & 0 & 0 & S_{64}^{(2)} & S_{64}^{(1)} & S_{65}^{(2)} & S_{65}^{(1)} \\
0 & 0 & 0 & T_{74}^{(2)} & T_{74}^{(1)} & T_{75}^{(2)} & T_{75}^{(1)}
\end{bmatrix}
\begin{bmatrix}
A_n \\ B_n \\ C_n \\ D_{n1} \\ D_{n2} \\ E_{n1} \\ E_{n2}
\end{bmatrix}
=
\begin{bmatrix}
-M_3 \\ M_1 \\ M_2 \\ M_4 \\ M_5 \\ 0 \\ 0
\end{bmatrix}
\tag{4-18}
$$

式中，A_n、B_n、C_n、D_{n1}、D_{n2}、E_{n1}、E_{n2} 为势函数中待定系数，系数矩阵的元素表达式参见附录 A。

4.2.4　模型验证及算例分析

为验证本书推导的合理性，将本书计算结果与 Y. H. Pao 等[1]结果进行对比，为此将本书求得的饱和土中深埋圆柱形衬砌对平面 P 波散射解退化为单相介质中衬砌对平面 P 波散射的稳态解，即取 $\tau=0$，$M=0$，$\rho_f=0$，$\eta=0$。令衬砌内外径之比 $R_1/R_2=1.1$，介质与衬砌剪切模量之比为 2.9，P 波在土介质及衬砌中波速之比为 1.5，$k_1R_2=0.2$（k_1 为入射 P 波波数，R_2 为衬砌内径）。计算所得衬砌内侧动应力集中因子（DSCF）沿着衬砌内径分布图，如图 4-2(a) 所示。图 4-2(a) 动应力集中因子分布曲线与 Y. H. Pao 等[1]研究结果一致，由此说明了本书推导结果的正确性。

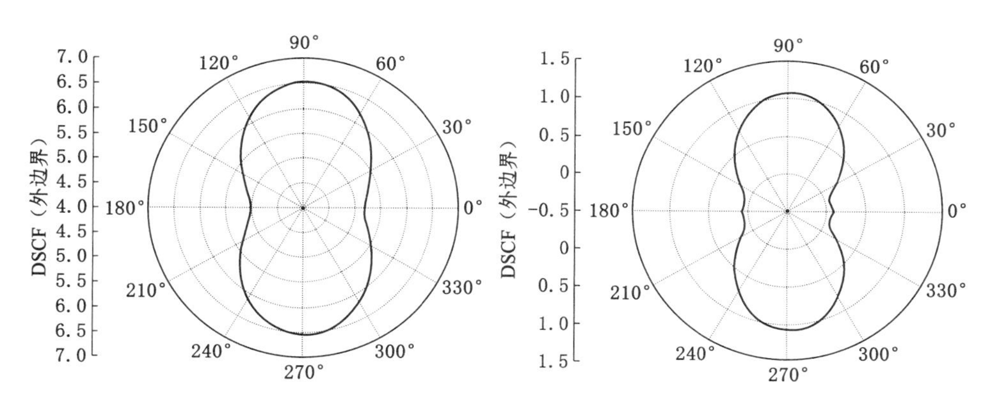

（a）本书退化解与Y.H.Pao等[1]结果比较　　（b）本书计算结果与周香莲等[2]结果比较

图 4-2　模型验证

同时将本书计算结果退化为饱和土中的解，即取 $\tau=0$，$F(\zeta)=1$，并与文献[2]的计算结果对比，饱和土及衬砌的物理力学参数与其参数一致，计算所得衬砌内边界动应力集中因子沿衬砌内径分布曲线如图 4-2(b) 所示，由图 4-2(b) 可知动应力集中因子分布曲线与文献[2]中图 2 的研究结果一致，进一步说明了本书推导的正确性。

图 4-3(a) 至 (d) 为衬砌半径比 $R_1/R_2=1.1$ 时，衬砌内外边界在入射波频率为 $f=20$ Hz（$\omega=2\pi f$）和 $f=800$ Hz 情况下，DSCF 随非局部参数的变化曲线。由图可知，深埋圆形衬砌内外边界 DSCF 在入射波频率为 20 Hz 时，其值随非局部参数的增加几乎没有变化，而当入射波频率为 800 Hz 时，DSCF 随非局部参数的增加逐渐减小，如：图 4-3(d) 中衬砌外边界 $\pi/2$ 处 DSCF 由 1.25 减小至

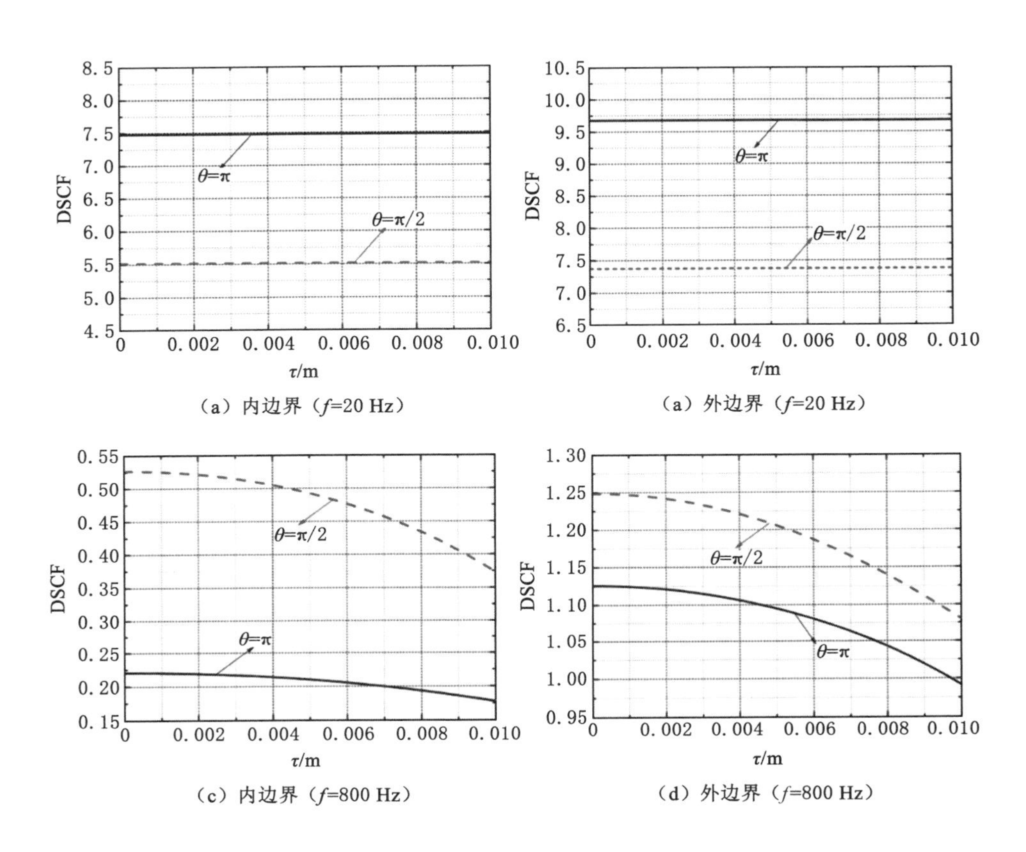

图 4-3 不同入射频率下衬砌内外边界 DSCF 与非局部参数 τ 的关系曲线

1.075,减小幅度达 14%,内边 $\pi/2$ 处 DSCF 由 0.525 减小至 0.375,减小幅度达 28.6%。由此可知,非局部参数对衬砌动应力集中的影响与入射波频率有关,在频率较小时非局部参数对 DSCF 几乎无影响,当饱和土中入射波频率达到一定数值时,非局部参数对衬砌动应力集中的影响较为显著。这说明,在高频情况下,孔隙尺寸和孔隙动应力对 DSCF 的影响不可忽略,且采用经典 Biot 理论的计算结果大于非局部-Biot 理论下的计算结果。

图 4-4(a)和图 4-4(b)分别为角度在 $\theta=\pi/2$ 和 $\theta=\pi$ 处,非局部 Biot 理论及经典 Biot 理论下衬砌内边界 DSCF 随入射波频率变化曲线。由图可知,在入射波频率较小时,两种情况下得到的曲线基本重合,且圆频率在 1.5~7 kHz 时,非局部 Biot 理论计算结果与 Biot 理论计算结果变化规律及数值大小较为接近,而入射波频率大于 7 kHz 时,非局部 Biot 理论计算结果波动幅度较大,而 Biot 理论计算结果在此范围内波动很小。从图中可以看出,在此频率范围内,本书理

论计算结果出现多个峰值，其中 DSCF 在 $\pi/2$ 处最大值达到 1.0，在 π 处达到 1.3。入射波频率大于 12.5 kHz 时，非局部 Biot 理论下动应力集中因子基本趋向于 0，而 Biot 理论下动应力集中因子不为 0，且存在较小的波动。由此可知，当入射波频率大于 7 kHz 时，饱和土中深埋圆形衬砌动应力计算时饱和土介质的孔隙尺寸及孔隙动应力的影响将不能忽略。

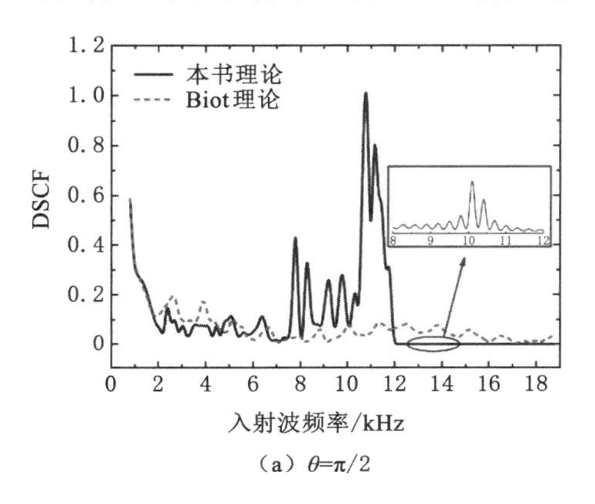

(a) $\theta=\pi/2$

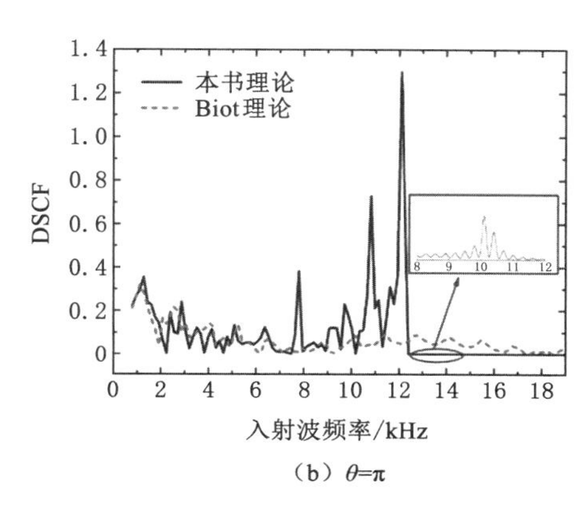

(b) $\theta=\pi$

图 4-4　衬砌内边界 DSCF 随入射波频率变化曲线

图 4-5(a)给出了 $R_1/R_2=1.1$，入射波频率为 800 Hz，当非局部参数 $\tau=0.000, 0.005, 0.010$ m 时，衬砌内边界 DSCF 沿衬砌内边界的分布曲线。由图可知，非局部参数对衬砌环形应力的分布规律影响不大，但对其大小存在一定的影响，非局部参数越大，则动应力集中因子越小，且在 90°～150°(210°～270°)范围内 DSCF 随非局部参数变化较为明显。例如：在 120°处，$\tau=0.000$ m时，DSCF 值为 0.43；$\tau=0.010$ m 时，DSCF 值为 0.62，增加幅度达 44.2%，而其他部位变化较小。由此可知，孔隙尺寸及孔隙动应力对衬砌环向应力存在一定的影响，而不考虑孔隙尺寸和孔隙动应力情况下得到的环向 DSCF 值偏大。

图 4-5(b)为非局部参数 $\tau=0.010$ m，入射频率为 800 Hz，衬砌半径比 $R_1/R_2=1.05, 1.10, 1.15$ 时，衬砌内侧 DSCF 沿衬砌内边界分布曲线。由图可知，衬砌厚度对衬砌环向应力的影响较为复杂，但总体规律可以看出衬砌越厚则内边界动应力集中因子越大，这与 Y. H. Pao 等[1]的研究结果一致，主要是由于衬砌刚度较大对应力具有一定的放大效应。

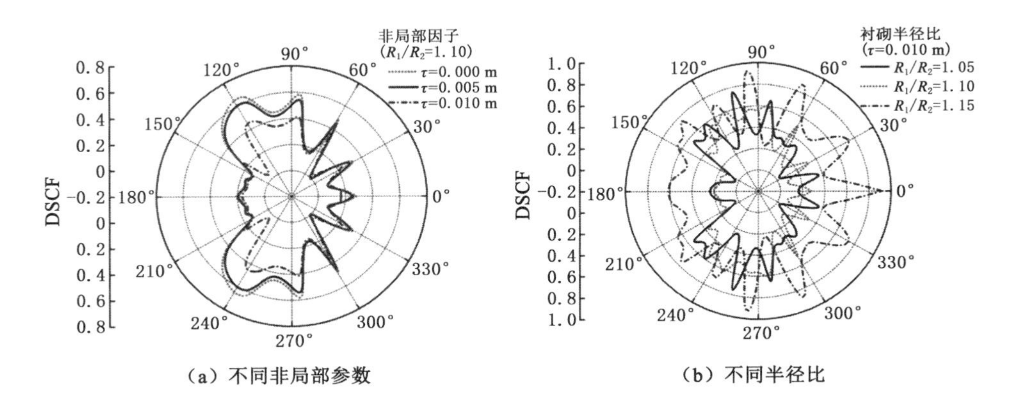

(a) 不同非局部参数　　(b) 不同半径比

图 4-5　不同非局部参数及不同半径比时衬砌内边界动应力集中因子分布曲线

4.3　浅埋隧道对地震波的散射

4.3.1　计算模型及散射波场

实际工程中大多数衬砌结构不能简单地视为无限空间中的洞室问题，而是具有一定埋深的浅埋问题[3]。地震波(以 P 波为例)作用下饱和土中浅埋圆形衬砌计算简图及相应的坐标系如图 4-6 所示。假设衬砌结构为各向同性弹性材料，土体为充满水的饱和多孔各向同性材料。隧道中心埋深为 H，衬砌内外半

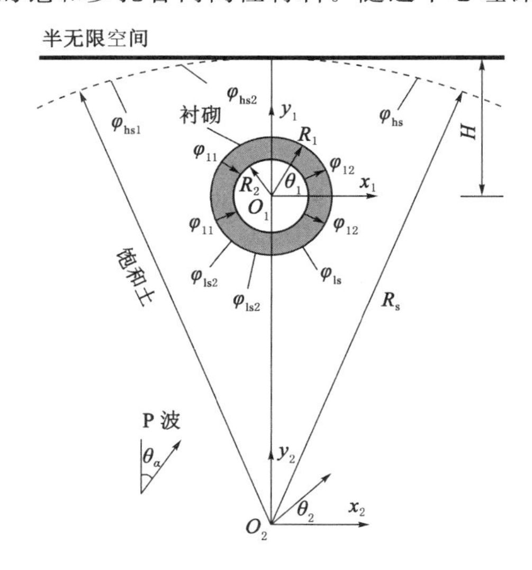

图 4-6　入射 P 波作用下饱和土中浅埋圆形衬砌及坐标系

径分别为 R_1 和 R_2。为了简化计算,将半空间的地表假设为半径很大的圆弧,圆弧半径为 R_s,应保证 R_s 足够大以确保计算结果的精度。为了后续求解简便起见,定义两个极坐标系分别为 (r_1, θ_1) 和 (r_2, θ_2)。

本节主要研究P波作用下饱和土中浅埋圆形衬砌的动力响应问题。因此,假设平面 P_1 波以角度 θ_α 入射,P_1 波在直角坐标系中的一般表达式为:

$$\varphi_1^{\mathrm{i}} = \mathrm{e}^{\mathrm{i}k_1(x\sin\theta_\alpha + y\cos\theta_\alpha)} \tag{4-19}$$

经饱和土介质传播至衬砌外边界及地表面,P波传播至地面时将发生反射产生 P_1 波、P_2 波和SV波。其反射波势函数表达式如下:

$$\begin{cases} \varphi_1^{\mathrm{r}} = K_1 \mathrm{e}^{\mathrm{i}k_1(x\sin\theta_{\alpha1} - y\cos\theta_{\alpha1})} \\ \varphi_2^{\mathrm{r}} = K_2 \mathrm{e}^{\mathrm{i}k_2(x\sin\theta_{\alpha2} - y\cos\theta_{\alpha2})} \\ \psi^{\mathrm{r}} = K_3 \mathrm{e}^{\mathrm{i}k_3(x\sin\theta_\beta - y\cos\theta_\beta)} \end{cases} \tag{4-20}$$

式中,上标"i"表示入射波场,上标"r"表示反射波场;k_1、k_2 和 k_3 分别为饱和土中 P_1 波、P_2 波和SV波波数;$\theta_{\alpha1}$、$\theta_{\alpha2}$、θ_β 分别为 P_1 波、P_2 波和SV波的反射角,满足关系式 $\theta_{\alpha1} = \theta_\alpha$,$k_2\sin\theta_{\alpha2} = k_1\sin\theta_\alpha$ 和 $k_3\sin\theta_\beta = k_1\sin\theta_\alpha$;$K_1$、$K_2$ 和 K_3 分别为 P_1 波、P_2 波和SV波反射系数,可由地表零应力边界条件确定[4],即:

$$\begin{bmatrix} G_{11} & G_{12} & G_{13} \\ G_{21} & G_{22} & G_{23} \\ G_{31} & G_{32} & 0 \end{bmatrix} \begin{bmatrix} K_1 \\ K_2 \\ K_3 \end{bmatrix} = \begin{Bmatrix} G_{11} \\ -G_{21} \\ G_{31} \end{Bmatrix} \tag{4-21}$$

式中,系数矩阵 $\boldsymbol{G}_{ij}$ 见附录B。

为后续求解方便,将入射波及反射波转换为极坐标下的表达式:

$$\begin{cases} \varphi_1^{\mathrm{i+r}}(r_1,\theta_1) = \sum\limits_{n=0}^{\infty} J_n(k_1 r_1)(A_{0,n}\cos n\theta_1 + B_{0,n}\sin n\theta_1) \\ \varphi_2^{\mathrm{r}}(r_1,\theta_1) = \sum\limits_{n=0}^{\infty} J_n(k_2 r_1)(C_{0,n}\cos n\theta_1 + D_{0,n}\sin n\theta_1) \\ \psi^{\mathrm{r}}(r_1,\theta_1) = \sum\limits_{n=0}^{\infty} J_n(k_3 r_1)(E_{0,n}\cos n\theta_1 + F_{0,n}\sin n\theta_1) \end{cases} \tag{4-22}$$

$$\begin{cases} \begin{bmatrix} A_{0,n} \\ B_{0,n} \end{bmatrix} = \varepsilon_n i^n \begin{bmatrix} \cos n\theta_\alpha \\ \sin n\theta_\alpha \end{bmatrix} \times [(-1)^n \exp(\mathrm{i}k_1 H\cos\theta_\alpha) \pm K_1 \exp(-\mathrm{i}k_1 H\cos\theta_\alpha)] \\ \begin{bmatrix} C_{0,n} \\ D_{0,n} \end{bmatrix} = \pm\varepsilon_n i^n K_2 \begin{bmatrix} \cos n\theta_{\alpha2} \\ \sin n\theta_{\alpha2} \end{bmatrix} \exp(-\mathrm{i}k_2 H\cos\theta_{\alpha2}) \\ \begin{bmatrix} E_{0,n} \\ F_{0,n} \end{bmatrix} = \pm\varepsilon_n i^n K_3 \begin{bmatrix} \cos n\theta_\beta \\ \sin n\theta_\beta \end{bmatrix} \exp(-\mathrm{i}k_2 H\cos\theta_\beta) \end{cases} \tag{4-23}$$

式中，φ_1^{i+r}、φ_2^r 和 $\boldsymbol{\psi}^r$ 分别为入射 P_1 波和反射 P_1 波之和、反射 P_2 波及反射 SV 波。当 $n=0$ 时，$\varepsilon_n=1$；当 $n>0$ 时，$\varepsilon_n=2$。$J_n(\cdot)$为第一类 n 阶贝塞尔(Bessel)函数。

4.3.1.1 衬砌外边界散射波场

当入射波传播至衬砌边界时，衬砌外边界将产生散射场，显然，衬砌外边界的散射波场势函数表达式为：

$$\begin{cases}\varphi_{ls1}(r_1,\theta_1)=\sum\limits_{n=0}^{\infty}H_n^{(1)}(k_1r_1)(A_{ls1,n}\cos n\theta_1+B_{ls1,n}\sin n\theta_1)\\ \varphi_{ls2}(r_1,\theta_1)=\sum\limits_{n=0}^{\infty}H_n^{(1)}(k_2r_1)(C_{ls1,n}\cos n\theta_1+D_{ls1,n}\sin n\theta_1)\\ \boldsymbol{\psi}_{ls}(r_1,\theta_1)=\sum\limits_{n=0}^{\infty}H_n^{(1)}(k_3r_1)(E_{ls1,n}\sin n\theta_1+F_{ls1,n}\cos n\theta_1)\end{cases}\tag{4-24}$$

式中，φ_{ls1}、φ_{ls2} 和 $\boldsymbol{\psi}_{ls}$ 分别为衬砌外边界散射的 P_1 波、P_2 波和 SV 波势函数，其所在坐标系统为 (r_1,θ_1)；$H_n^{(1)}(\cdot)$ 为第一类 n 阶汉克尔函数；$A_{ls1,m}$、$B_{ls1,m}$、$C_{ls1,m}$、$D_{ls1,m}$、$E_{ls1,m}$ 和 $F_{ls1,m}$ 分别为势函数待定系数。

4.3.1.2 半空间地面散射波场

衬砌外边界在入射 P 波作用下的散射波场传播至地面时，将在地面产生二次散射波场，由地面产生的散射波场势函数为：

$$\begin{cases}\varphi_{hs1}(r_2,\theta_2)=\sum\limits_{m=0}^{\infty}J_m(k_1r_2)(A_{ls2,m}\cos m\theta_2+B_{ls2,m}\sin m\theta_2)\\ \varphi_{hs2}(r_2,\theta_2)=\sum\limits_{m=0}^{\infty}J_m(k_2r_2)(C_{ls2,m}\cos m\theta_2+D_{ls2,m}\sin m\theta_2)\\ \boldsymbol{\psi}_{hs}(r_2,\theta_2)=\sum\limits_{m=0}^{\infty}J_m(k_3r_2)(E_{ls2,m}\sin m\theta_2+F_{ls2,m}\cos m\theta_2)\end{cases}\tag{4-25}$$

式中，φ_{hs1}、φ_{hs2} 和 $\boldsymbol{\psi}_{hs}$ 分别为衬砌散射的 P_1 波、P_2 波和 SV 波势函数，其坐标系统为 (r_2,θ_2)；$J_m(\cdot)$ 为第一类 m 阶 Bessel 函数；$A_{ls2,n}$、$B_{ls2,n}$、$C_{ls2,n}$、$D_{ls2,n}$、$E_{ls2,n}$ 和 $F_{ls2,n}$ 分别为相对应势函数的待定系数。

4.3.1.3 饱和土中总波场

饱和土骨架中总的波场由入射波、地面的反射波、衬砌外边界的散射波以及地面对衬砌表面产生的散射波传播至地面所产生的散射波场组成，即：

$$\begin{cases}\varphi_s=\varphi_{ls1}+\varphi_{ls2}+\varphi_{hs1}+\varphi_{hs2}+\varphi_1^{i+r}+\varphi_2^r\\ \boldsymbol{\psi}_s=\boldsymbol{\psi}_{ls}+\boldsymbol{\psi}_{hs}+\boldsymbol{\psi}^r\end{cases}\tag{4-26}$$

如前所述，流体部分势函数幅值与饱和土骨架部分势函数幅值之比为固定

值,则流体部分势函数表达式为:

$$\begin{cases}\varphi_{\mathrm{f}}=\varepsilon_1(\varphi_{\mathrm{ls1}}+\varphi_{\mathrm{hs1}}+\varphi_1^{\mathrm{i+r}})+\varepsilon_2(\varphi_{\mathrm{ls2}}+\varphi_{\mathrm{hs2}}+\varphi_2^{r})\\ \boldsymbol{\Psi}_{\mathrm{f}}=\varepsilon_3(\boldsymbol{\psi}_{\mathrm{ls}}+\boldsymbol{\psi}_{\mathrm{hs}}+\boldsymbol{\psi}^{\mathrm{r}})\end{cases} \tag{4-27}$$

4.3.1.4　衬砌内波场求解

需要说明的是,深埋时由于对称性势函数与入射角的关系可表示为一项,而浅埋时,由于波的入射角不同而不能表示为一项,因此浅埋时衬砌内表达式可表示为:

$$\begin{cases}\Phi_{\mathrm{c1}}(r_1,\theta_1)=\sum\limits_{n=0}^{\infty}J_n(k_\alpha r_1)(G_{11}\cos n\theta_1+H_{11}\sin n\theta_1)\\ \boldsymbol{\Psi}_{\mathrm{c1}}(r_1,\theta_1)=\sum\limits_{n=0}^{\infty}J_n(k_\beta r_1)(I_{11}\sin n\theta_1+K_{11}\cos n\theta_1)\\ \Phi_{\mathrm{c2}}(r_1,\theta_1)=\sum\limits_{n=0}^{\infty}H_n^{(1)}(k_\alpha r_1)(G_{12}\cos n\theta_1+H_{12}\sin n\theta_1)\\ \boldsymbol{\Psi}_{\mathrm{c2}}(r_1,\theta_1)=\sum\limits_{n=0}^{\infty}H_n^{(1)}(k_\beta r_1)(I_{12}\sin n\theta_1+K_{12}\cos n\theta_1)\end{cases} \tag{4-28}$$

式中,Φ_{c1}、$\boldsymbol{\Psi}_{\mathrm{c1}}$、$\Phi_{\mathrm{c2}}$和$\boldsymbol{\Psi}_{\mathrm{c2}}$分别为衬砌内透射波、衬砌内边界的反射波的纵波势函数和剪切波势函数;k_α、k_β 分别为 P 波和 SV 波波数;G_{11}、H_{11}、I_{11}、K_{11}和G_{12}、H_{12}、I_{12}、K_{12}分别为待定系数。

因此,衬砌内总波场为:

$$\begin{cases}\Phi_{\mathrm{c}}=\Phi_{\mathrm{c1}}+\Phi_{\mathrm{c2}}\\ \boldsymbol{\Psi}_{\mathrm{c}}=\boldsymbol{\Psi}_{\mathrm{c1}}+\boldsymbol{\Psi}_{\mathrm{c2}}\end{cases} \tag{4-29}$$

4.3.2　边界条件及波场求解

4.3.2.1　边界条件

饱和土与衬砌交界面处应力和位移连续,因此其边界条件在(r_1,θ_1)坐标系统中当 $r=R_1$ 时:

$$\begin{cases}u_r=u_{\mathrm{s},r}\\ u_\theta=u_{\mathrm{s},\theta}\\ \sigma_{rr}+P_{\mathrm{f}}=\sigma_{\mathrm{s},r}\\ \sigma_{r\theta}=\sigma_{\mathrm{s},r\theta}\end{cases} \tag{4-30}$$

假设饱和土体与衬砌交界面为不透水边界,即在边界处孔隙水压力在 r 方向的水力梯度为 0,在坐标系(r_1,θ_1)中,当 $r=R_1$ 时:

$$\frac{\partial P_{\mathrm{f}}}{\partial r}=0 \tag{4-31}$$

在 (r_1,θ_1) 坐标系中，衬砌内表面为自由边界条件，当 $r=R_2$ 时：

$$\begin{cases}\sigma_{s,r}=0\\ \sigma_{s,r\theta}=0\end{cases} \tag{4-32}$$

在 (r_2,θ_2) 坐标系中，地表为零应力及透水边界条件，当 $r=R_s$ 时：

$$\begin{cases}\sigma_{rr}=0\\ \sigma_{r\theta}=0\\ P_f=0\end{cases} \tag{4-33}$$

式中，u_r、$u_{s,r}$ 分别为饱和土骨架和衬砌结构的径向位移；u_θ、$u_{s,\theta}$ 分别为饱和土骨架和衬砌结构切向位移；σ_{rr}、$\sigma_{s,r}$ 分别为饱和土骨架和衬砌结构的法向应力；$\sigma_{r\theta}$、$\sigma_{s,r\theta}$ 分别为饱和土骨架和衬砌结构的切向应力。

4.3.2.2 待定系数求解

根据边界条件和应力、位移与势函数关系表达式可求解出势函数中待定系数，但由于衬砌外边界的散射波场，所在坐标系统为 (r_1,θ_1)，而地表散射波场，其所在坐标系统为 (r_2,θ_2)，为方便使用地表和衬砌外界面的边界条件，本书需采用格拉夫(Graf)[5]加法定理对散射场坐标进行转换。

利用边界条件式(4-30)和式(4-31)时，应将地表地面反射波场由 (r_2,θ_2) 坐标系统转换为 (r_1,θ_1) 坐标系统，即：

$$\begin{cases}\varphi_{hs1}(r_1,\theta_1)=\sum\limits_{n=0}^{\infty}J_n(k_1r_1)(A_{ls2,n}^*\cos n\theta_1+B_{ls2,n}^*\sin n\theta_1)\\ \varphi_{hs2}(r_1,\theta_1)=\sum\limits_{n=0}^{\infty}J_n(k_2r_1)(C_{ls2,n}^*\cos n\theta_1+D_{ls2,n}^*\sin n\theta_1)\\ \boldsymbol{\psi}_{hs}(r_1,\theta_1)=\sum\limits_{n=0}^{\infty}J_n(k_3r_1)(E_{ls2,n}^*\sin n\theta_1+F_{ls2,n}^*\cos n\theta_1)\end{cases} \tag{4-34}$$

其中：

$$\begin{bmatrix}A_{ls2,n}^*\\ C_{ls2,n}^*\\ F_{ls2,n}^*\end{bmatrix}=\sum_{m=0}^{\infty}\begin{bmatrix}F1_{nm}^+(k_1D) & 0 & 0\\ 0 & F1_{nm}^+(k_2D) & 0\\ 0 & 0 & F1_{nm}^+(k_3D)\end{bmatrix}\cdot\begin{bmatrix}A_{ls2,m}\\ C_{ls2,m}\\ F_{ls2,m}\end{bmatrix}$$

$$\begin{Bmatrix}B_{ls2,n}^*\\ D_{ls2,n}^*\\ E_{ls2,n}^*\end{Bmatrix}=\sum_{m=0}^{\infty}\begin{bmatrix}F1_{nm}^-(k_1D) & 0 & 0\\ 0 & F1_{nm}^-(k_2D) & 0\\ 0 & 0 & F1_{nm}^-(k_3D)\end{bmatrix}\cdot\begin{bmatrix}B_{ls2,m}\\ D_{ls2,m}\\ E_{ls2,m}\end{bmatrix}$$

$$F1_{nm}^{\pm}(kD)=\frac{1}{2}\varepsilon_n[J_{n+m}(kD)\pm(-1)^nJ_{n-m}(kD)]$$

同理，使用边界条件式(4-32)时，应将势函数式(4-22)和式(4-23)变换为：

$$\begin{cases}\varphi_1^{\mathrm{i+r}}(r_2,\theta_2)=\sum_{m=0}^{\infty}H_m^{(1)}(k_1r_2)(A_{0,m}^{*}\cos m\theta_2+B_{0,m}^{*}\sin m\theta_2)\\ \varphi_2^{\mathrm{r}}(r_2,\theta_2)=\sum_{m=0}^{\infty}H_m^{(1)}(k_2r_2)(C_{0,m}^{*}\cos m\theta_2+D_{0,m}^{*}\sin m\theta_2)\\ \boldsymbol{\psi}^{\mathrm{r}}(r_2,\theta_2)=\sum_{m=0}^{\infty}H_m^{(1)}(k_3r_2)(E_{0,m}^{*}\cos m\theta_2+F_{0,m}^{*}\sin m\theta_2)\end{cases}\tag{4-35}$$

其中：

$$\begin{bmatrix}A_{0,m}^{*}\\E_{0,m}^{*}\\C_{0,m}^{*}\end{bmatrix}=\sum_{n=0}^{\infty}\begin{bmatrix}F_{nm}^{+}(k_1D)&0&0\\0&F_{nm}^{+}(k_2D)&0\\0&0&F_{nm}^{+}(k_3D)\end{bmatrix}\begin{bmatrix}A_{0,n}\\E_{0,n}\\C_{0,n}\end{bmatrix}$$

$$\begin{bmatrix}B_{0,m}^{*}\\F_{0,m}^{*}\\D_{0,m}^{*}\end{bmatrix}=\sum_{n=0}^{\infty}\begin{bmatrix}F_{nm}^{-}(k_1D)&0&0\\0&F_{nm}^{-}(k_2D)&0\\0&0&F_{nm}^{-}(k_3D)\end{bmatrix}\begin{bmatrix}B_{0,n}\\F_{0,n}\\D_{0,n}\end{bmatrix}$$

$$F_{nm}^{\pm}(k_jD)=\frac{\varepsilon_n}{2}[J_{n+m}(k_jD)\pm(-1)^nJ_{n-m}(k_jD)]$$

$$\begin{cases}\varphi_{\mathrm{ls1}}(r_2,\theta_2)=\sum_{m=0}^{\infty}J_m(k_1r_2)(A_{\mathrm{ls1},m}^{*}\cos m\theta_2+B_{\mathrm{ls1},m}^{*}\sin m\theta_2)\\ \varphi_{\mathrm{ls2}}(r_2,\theta_2)=\sum_{m=0}^{\infty}J_m(k_2r_2)(C_{\mathrm{ls1},m}^{*}\cos m\theta_2+D_{\mathrm{ls1},m}^{*}\sin m\theta_2)\\ \boldsymbol{\psi}_{\mathrm{ls}}(r_2,\theta_2)=\sum_{m=0}^{\infty}J_m(k_3r_2)(E_{\mathrm{ls1},m}^{*}\sin m\theta_2+F_{\mathrm{ls1},m}^{*}\cos m\theta_2)\end{cases}\tag{4-36}$$

其中：

$$\begin{bmatrix}A_{\mathrm{ls1},m}^{*}\\C_{\mathrm{ls1},m}^{*}\\F_{\mathrm{ls1},m}^{*}\end{bmatrix}=\sum_{n=0}^{\infty}\begin{bmatrix}F2_{nm}^{+}(k_1D)&0&0\\0&F2_{nm}^{+}(k_2D)&0\\0&0&F2_{nm}^{+}(k_3D)\end{bmatrix}\cdot\begin{bmatrix}A_{\mathrm{ls1},n}\\C_{\mathrm{ls1},n}\\F_{\mathrm{ls1},n}\end{bmatrix}$$

$$\begin{bmatrix}B_{\mathrm{ls1},m}^{*}\\D_{\mathrm{ls1},m}^{*}\\E_{\mathrm{ls1},m}^{*}\end{bmatrix}=\sum_{n=0}^{\infty}\begin{bmatrix}F2_{nm}^{-}(k_1D)&0&0\\0&F2_{nm}^{-}(k_2D)&0\\0&0&F2_{nm}^{-}(k_3D)\end{bmatrix}\cdot\begin{bmatrix}B_{\mathrm{ls1},n}\\D_{\mathrm{ls1},n}\\E_{\mathrm{ls1},n}\end{bmatrix}$$

$$F2_{nm}^{\pm}(kD)=\frac{1}{2}\varepsilon_n[H_{n+m}^{(1)}(kD)\pm(-1)^nH_{n-m}^{(1)}(kD)]$$

至此，采用 Graf 加法定理统一了使用边界条件时的坐标系统。接下来，我们需要对势函数中的待定系数进行求解。为此，我们需要利用相应的边界条件和势函数表达式构建出求解待定系数的方程组。

利用边界条件式(4-30)和式(4-31)可得：

$$
\begin{bmatrix}
E_{r1,1}^{(0)} & E_{r2,3}^{(0)+} & E_{r2,1}^{(0)} \\
E_{\theta1,1}^{(0)-} & E_{\theta2,3}^{(0)} & E_{\theta1,2}^{(0)-} \\
E_{p1,1}^{(0)} & E_{p2,3}^{(0)-} & E_{p1,2}^{(0)} \\
E_{k1,1}^{(0)+} & E_{k2,3}^{(0)} & E_{k1,2}^{(0)+} \\
E_{w1,1}^{(0)} & E_{w2,3}^{(0)+} & E_{w1,2}^{(0)}
\end{bmatrix}
\begin{bmatrix} A_0 \\ D_0 \\ E_0 \end{bmatrix}
\begin{bmatrix} \cos n\theta_1 \\ \sin n\theta_1 \\ \cos n\theta_1 \\ \sin n\theta_1 \\ \cos n\theta_1 \end{bmatrix}
+
\begin{bmatrix}
E_{r1,1}^{(0)} & E_{r2,3}^{(0)-} & E_{r2,1}^{(0)} \\
E_{\theta1,1}^{(0)+} & E_{\theta2,3}^{(0)} & E_{\theta1,2}^{(0)+} \\
E_{p1,1}^{(0)} & E_{p2,3}^{(0)+} & E_{p1,2}^{(0)} \\
E_{k1,1}^{(0)-} & E_{k2,3}^{(0)} & E_{k1,2}^{(0)-} \\
E_{w1,1}^{(0)} & E_{w2,3}^{(0)-} & E_{w1,2}^{(0)}
\end{bmatrix}
\begin{bmatrix} B_0 \\ C_0 \\ F_0 \end{bmatrix}
\begin{bmatrix} \sin n\theta_1 \\ \cos n\theta_1 \\ \sin n\theta_1 \\ \cos n\theta_1 \\ \sin n\theta_1 \end{bmatrix}
+
$$

$$
\begin{bmatrix}
E_{r1,1}^{(1)} & E_{r1,2}^{(1)} & E_{r2,3}^{(1)+} \\
E_{\theta1,1}^{(1)-} & E_{\theta1,2}^{(1)-} & E_{\theta2,3}^{(1)} \\
E_{p1,1}^{(1)} & E_{p1,2}^{(1)} & E_{p2,3}^{(1)-} \\
E_{k1,1}^{(1)+} & E_{k1,2}^{(1)+} & E_{k3}^{(1)} \\
E_{w1,1}^{(1)} & E_{w1,2}^{(1)} & E_{w1,2}^{(1)}
\end{bmatrix}
\begin{bmatrix} A_{ls1} \\ C_{ls1} \\ E_{ls1} \end{bmatrix}
\begin{bmatrix} \cos n\theta_1 \\ \sin n\theta_1 \\ \cos n\theta_1 \\ \sin n\theta_1 \\ \cos n\theta_1 \end{bmatrix}
+
\begin{bmatrix}
E_{r1,1}^{(1)} & E_{r1,2}^{(1)} & E_{r2,3}^{(1)-} \\
E_{\theta1,1}^{(1)+} & E_{\theta1,2}^{(1)+} & E_{\theta2,3}^{(1)} \\
E_{p1,1}^{(1)} & E_{p1,2}^{(1)-} & E_{p2,3}^{(1)+} \\
E_{k1,1}^{(1)-} & E_{k1,2}^{(1)-} & E_{k3}^{(1)} \\
E_{w1,1}^{(1)} & E_{w1,2}^{(1)} & E_{w2,3}^{(1)+}
\end{bmatrix}
\begin{bmatrix} B_{ls1} \\ D_{ls1} \\ F_{ls1} \end{bmatrix}
\begin{bmatrix} \sin n\theta_1 \\ \cos n\theta_1 \\ \sin n\theta_1 \\ \cos n\theta_1 \\ \sin n\theta_1 \end{bmatrix}
+
$$

$$
\begin{bmatrix}
E_{r1,1}^{(0)} & E_{r1,2}^{(0)} & E_{r2,3}^{(0)+} \\
E_{\theta1,1}^{(1)-} & E_{\theta1,2}^{(1)-} & E_{\theta2,3}^{(1)} \\
E_{p1,1}^{(0)} & E_{p1,2}^{(0)} & E_{p2,3}^{(0)-} \\
E_{k1,1}^{(0)+} & E_{k1,2}^{(0)+} & E_{k2,3}^{(0)} \\
E_{w1,1}^{(0)} & E_{w1,2}^{(0)} & E_{w2,3}^{(0)-}
\end{bmatrix}
\begin{bmatrix} A_{ls2}^{*} \\ C_{ls2}^{*} \\ E_{ls2}^{*} \end{bmatrix}
\begin{bmatrix} \cos n\theta_1 \\ \sin n\theta_1 \\ \cos n\theta_1 \\ \sin n\theta_1 \\ \cos n\theta_1 \end{bmatrix}
+
\begin{bmatrix}
E_{r1,1}^{(0)} & E_{r1,2}^{(0)} & E_{r2,3}^{(0)-} \\
E_{\theta1,1}^{(1)+} & E_{\theta1,2}^{(1)+} & E_{\theta2,3}^{(1)} \\
E_{p1,1}^{(0)} & E_{p1,2}^{(0)} & E_{p2,3}^{(0)+} \\
E_{k1,1}^{(0)-} & E_{k1,2}^{(0)-} & E_{k2,3}^{(0)} \\
E_{w1,1}^{(0)} & E_{w1,2}^{(0)} & E_{w2,3}^{(0)+}
\end{bmatrix}
\begin{bmatrix} B_{ls2}^{*} \\ D_{ls2}^{*} \\ F_{ls2}^{*} \end{bmatrix}
\begin{bmatrix} \sin n\theta_1 \\ \cos n\theta_1 \\ \sin n\theta_1 \\ \cos n\theta_1 \\ \sin n\theta_1 \end{bmatrix}
=
$$

$$
\begin{bmatrix}
E_{sr1,\alpha}^{(0)} & E_{sr2,\beta}^{(0)+} \\
E_{s\theta1,\alpha}^{(0)-} & E_{s\theta2,\beta}^{(0)} \\
E_{a1,\alpha}^{(0)} & E_{a1,\beta}^{(0)+} \\
E_{a2,\alpha}^{(0)+} & E_{a2,\beta}^{(0)} \\
0 & 0
\end{bmatrix}
\begin{bmatrix} G_{l1} \\ I_{l1} \end{bmatrix}
\begin{bmatrix} \cos n\theta_1 \\ \sin n\theta_1 \\ \cos n\theta_1 \\ \sin n\theta_1 \\ \cos n\theta_1 \end{bmatrix}
+
\begin{bmatrix}
E_{sr1,\alpha}^{(0)} & E_{sr2,\beta}^{(0)-} \\
E_{s\theta1,\alpha}^{(0)+} & E_{s\theta2,\beta}^{(0)} \\
E_{a1,\alpha}^{(0)} & E_{a1,\beta}^{(0)-} \\
E_{a2,\alpha}^{(0)-} & E_{a2,\beta}^{(0)} \\
0 & 0
\end{bmatrix}
\begin{bmatrix} H_{l1} \\ K_{l1} \end{bmatrix}
\begin{bmatrix} \sin n\theta_1 \\ \cos n\theta_1 \\ \sin n\theta_1 \\ \cos n\theta_1 \\ \sin n\theta_1 \end{bmatrix}
+
$$

$$
\begin{bmatrix}
E_{sr1,\alpha}^{(1)} & E_{sr2,\beta}^{(1)+} \\
E_{s\theta1,\alpha}^{(1)-} & E_{s\theta2,\beta}^{(1)} \\
E_{a1,\alpha}^{(1)} & E_{a1,\beta}^{(1)+} \\
E_{a2,\alpha}^{(1)+} & E_{a2,\beta}^{(1)} \\
0 & 0
\end{bmatrix}
\begin{bmatrix} G_{l2} \\ I_{l2} \end{bmatrix}
\begin{bmatrix} \cos n\theta_1 \\ \sin n\theta_1 \\ \cos n\theta_1 \\ \sin n\theta_1 \\ \cos n\theta_1 \end{bmatrix}
+
\begin{bmatrix}
E_{sr1,\alpha}^{(1)} & E_{sr2,\beta}^{(1)+} \\
E_{s\theta1,\alpha}^{(1)+} & E_{s\theta2,\beta}^{(1)} \\
E_{a1,\alpha}^{(1)} & E_{a1,\beta}^{(1)-} \\
E_{a2,\alpha}^{(1)-} & E_{a2,\beta}^{(1)} \\
0 & 0
\end{bmatrix}
\begin{bmatrix} H_{11} \\ K_{11} \end{bmatrix}
\begin{bmatrix} \sin n\theta_1 \\ \cos n\theta_1 \\ \sin n\theta_1 \\ \cos n\theta_1 \\ \sin n\theta_1 \end{bmatrix}
\quad (4\text{-}37)
$$

利用边界条件式(4-32)可得：

$$\begin{bmatrix}E_{a1,\alpha}^{(0)} & E_{a1,\beta}^{(0)+}\\ E_{a2,\alpha}^{(0)+} & E_{a2,\beta}^{(0)}\end{bmatrix}\begin{bmatrix}G_{11}\\ I_{11}\end{bmatrix}\begin{bmatrix}\cos n\theta_1\\ \sin n\theta_1\end{bmatrix}+\begin{bmatrix}E_{a1,\alpha}^{(1)} & E_{a1,\beta}^{(1)+}\\ E_{a2,\alpha}^{(1)+} & E_{a2,\beta}^{(1)}\end{bmatrix}\begin{bmatrix}G_{12}\\ I_{12}\end{bmatrix}\begin{bmatrix}\cos n\theta_1\\ \sin n\theta_1\end{bmatrix}+$$

$$\begin{bmatrix}E_{a1,\alpha}^{(0)} & E_{a1,\beta}^{(0)-}\\ E_{a2,\alpha}^{(0)-} & E_{a2,\beta}^{(0)}\end{bmatrix}\begin{bmatrix}H_{11}\\ K_{11}\end{bmatrix}\begin{bmatrix}\sin n\theta_1\\ \cos n\theta_1\end{bmatrix}+ \tag{4-38}$$

$$\begin{bmatrix}E_{a1,\alpha}^{(1)} & E_{a1,\beta}^{(1)-}\\ E_{a2,\alpha}^{(1)-} & E_{a2,\beta}^{(1)}\end{bmatrix}\begin{bmatrix}H_{12}\\ K_{12}\end{bmatrix}\begin{bmatrix}\sin n\theta_1\\ \cos n\theta_1\end{bmatrix}=\begin{bmatrix}0\\ 0\end{bmatrix}$$

同理，利用边界条件式(4-33)可得：

$$\begin{bmatrix}E_1^{(1)} & 0 & E_2^{(1)}\\ E_{h11}^{(1)} & E_{h23}^{(1)-} & E_{h11}^{(1)}\\ E_{h1}^{(1)} & E_{h3}^{(1)+} & E_{h2}^{(1)+}\end{bmatrix}\begin{bmatrix}A_{0,m}^*\\ D_{0,m}^*\\ E_{0,m}^*\end{bmatrix}\begin{bmatrix}\cos m\theta_2\\ \cos m\theta_2\\ \sin m\theta_2\end{bmatrix}+\begin{bmatrix}E_1^{(1)} & 0 & E_2^{(1)}\\ E_{h11}^{(1)} & E_{h23}^{(1)} & E_{h11}^{(1)}\\ E_{h1}^{(1)} & E_{h3}^{(1)} & E_{h2}^{(1)-}\end{bmatrix}\begin{bmatrix}B_{0,m}^*\\ C_{0,m}^*\\ F_{0,m}^*\end{bmatrix}\begin{pmatrix}\sin m\theta_2\\ \sin m\theta_2\\ \cos m\theta_2\end{pmatrix}+$$

$$\begin{bmatrix}E_1^{(0)} & E_2^{(0)} & 0\\ E_{h11}^{(0)} & E_{h12}^{(0)} & E_{h23}^{(0)-}\\ E_{h1}^{(0)} & E_{h2}^{(0)} & E_{h3}^{(0)}\end{bmatrix}\begin{bmatrix}A_{\mathrm{ls1},m}^*\\ C_{\mathrm{ls1},m}^*\\ E_{\mathrm{ls1},m}^*\end{bmatrix}\begin{bmatrix}\cos m\theta_2\\ \cos m\theta_2\\ \sin m\theta_2\end{bmatrix}+$$

$$\begin{bmatrix}E_1^{(0)} & E_2^{(0)} & 0\\ E_{h11}^{(0)} & E_{h12}^{(0)} & E_{h23}^{(0)-}\\ E_{h1}^{(0)} & E_{h2}^{(0)} & E_{h3}^{(0)}\end{bmatrix}\begin{bmatrix}A_{\mathrm{ls2},m}\\ C_{\mathrm{ls2},m}\\ E_{\mathrm{ls2},m}\end{bmatrix}\begin{bmatrix}\cos m\theta_2\\ \cos m\theta_2\\ \sin m\theta_2\end{bmatrix}+$$

$$\begin{bmatrix}E_1^{(0)} & E_2^{(0)} & 0\\ E_{h11}^{(0)} & E_{h12}^{(0)} & E_{h23}^{(0)+}\\ E_{h1}^{(0)} & E_{h2}^{(0)} & E_{h3}^{(0)}\end{bmatrix}\begin{bmatrix}B_{\mathrm{ls1},m}^*\\ D_{\mathrm{ls1},m}^*\\ F_{\mathrm{ls1},m}^*\end{bmatrix}\begin{bmatrix}\sin m\theta_2\\ \sin m\theta_2\\ \cos m\theta_2\end{bmatrix}+$$

$$\begin{bmatrix}E_1^{(0)} & E_2^{(0)} & 0\\ E_{h11}^{(0)} & E_{h12}^{(0)} & E_{h23}^{(0)+}\\ E_{h1}^{(0)} & E_{h2}^{(0)} & E_{h3}^{(0)}\end{bmatrix}\begin{bmatrix}B_{\mathrm{ls2},m}\\ D_{\mathrm{ls2},m}\\ F_{\mathrm{ls2},m}\end{bmatrix}\begin{bmatrix}\sin m\theta_2\\ \sin m\theta_2\\ \cos m\theta_2\end{bmatrix}=\begin{bmatrix}0\\ 0\\ 0\end{bmatrix} \tag{4-39}$$

式(4-37)至式(4-39)中系数矩阵见附录B。联立方程组可求解出所有的20个待定系数。将求解出的待定系数代入应力位移与势函数的关系式，即可求出饱和土和衬砌内应力及位移表达式。

4.3.3　结果验证与算例分析

4.3.3.1　结果验证

为验证本书推导结果的正确性，可将计算结果退化为饱和土中入射P波对衬砌动力响应的解析解。为此，令非局部参数 $\tau=0.0$ m，并将本书计算结果与刘忠宪等[6]的计算结果对比。在对比之前为得到与刘忠宪等[6]所定义的动应力集中因子一致，此处重新定义动应力集中因子表达式为 $\sigma^*=|\sigma_\theta/\sigma_0|$，$\sigma_0=\mu k_3^2$，定义无量纲频率为 $\eta=\left|\dfrac{\omega a}{\pi c_\beta}\right|$。饱和土参数取为：土颗粒密度 $\rho_s=2\ 641\ \mathrm{kg/m^3}$，孔隙率 $n_0=$

0.34，泊松比 $\nu=0.25$，土体剪切模量 $\mu=784.12$ MPa和$\lambda=784.12$ MPa，Biot 参数 $M=3\ 199.21$ MPa 及 $\alpha=0.94$，动力黏度 $\eta=0$ Pa·s。衬砌参数取为：弹性模量 $E_1=34\ 500$ MPa，密度 $\rho_1=2\ 500$ kg/m^3，泊松比 $\nu=0.2$，埋深与半径比 $H/R_1=3$。本书计算结果与刘忠宪等[6]的对比结果如图 4-7 所示。由图可知，本书计算结果与刘忠宪等[6]计算结果吻合得较好，但在无量纲频率较大时，本书计算结果与刘忠宪等[6]计算结果存在一定的偏差，其原因是刘忠宪等[6]采用的是数值算法，且刘忠宪等[6]考虑了土体的阻尼作用，而本书没有考虑，故存在一定的偏差，说明本书公式推导的正确性。

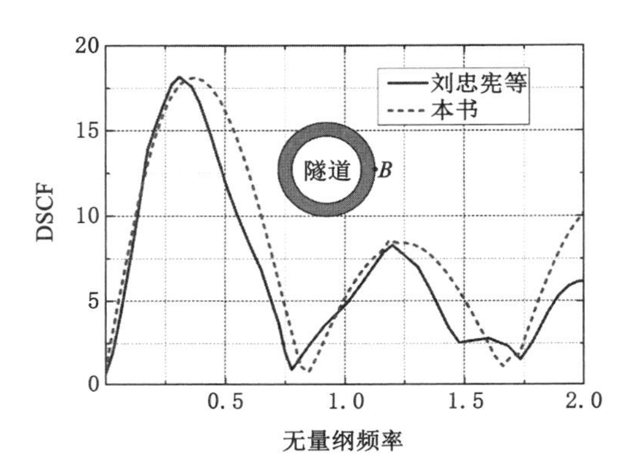

图 4-7 本书计算结果与刘忠宪等[6]计算结果对比

4.3.3.2 计算结果分析

为研究孔隙尺寸及孔隙动应力对浅埋衬砌动应力集中的影响，本节选取饱和土计算参数如下：土颗粒密度 $\rho_s=2\ 650$ kg/m^3，流体密度 $\rho_f=1\ 000$ kg/m^3，孔隙率 $n_0=0.3$，泊松比 $\nu=0.35$，弹性模量 $E=20$ MPa，渗透系数 $\kappa=1\times10^{-8}$ m^{-2}，动力黏度 $\eta=1\times10^{-3}$ Pa·s，弯曲因子 $\xi=1$，$a=23$ μm，Biot 参数 $\alpha=0.998$及 $M=10^3$ MPa。衬砌参数：衬砌密度 $\rho_1=2\ 600$ kg/m^3，泊松比 $\nu_1=0.23$，弹性模量 $E_1=3\times10^4$ MPa，衬砌内外半径 $R_1=3$ m 及 $R_2=2.7$ m。

图 4-8 为入射角为 30°时不同入射波频率下非局部参数对动应力集中因子的影响。由图可知，入射波频率为 10 Hz 时，DSCF 几乎没有变化，然而随着入射波频率的增加，动应力集中因子随非局部参数的变化更加显著。由此可以说明，非局部参数对衬砌 DSCF 的影响与入射波频率有关，且频率越大，非局部参数对 DSCF 的影响越大。同时，对比图 4-8(c)和图 4-8(d)可以发现，DSCF 曲线变得更加波动，而且在入射频率为 700 Hz 时的波动周期比入射波频率为 400 Hz时更短。这是由于饱和土及衬砌内存在波的干涉现象，由此导致饱和土

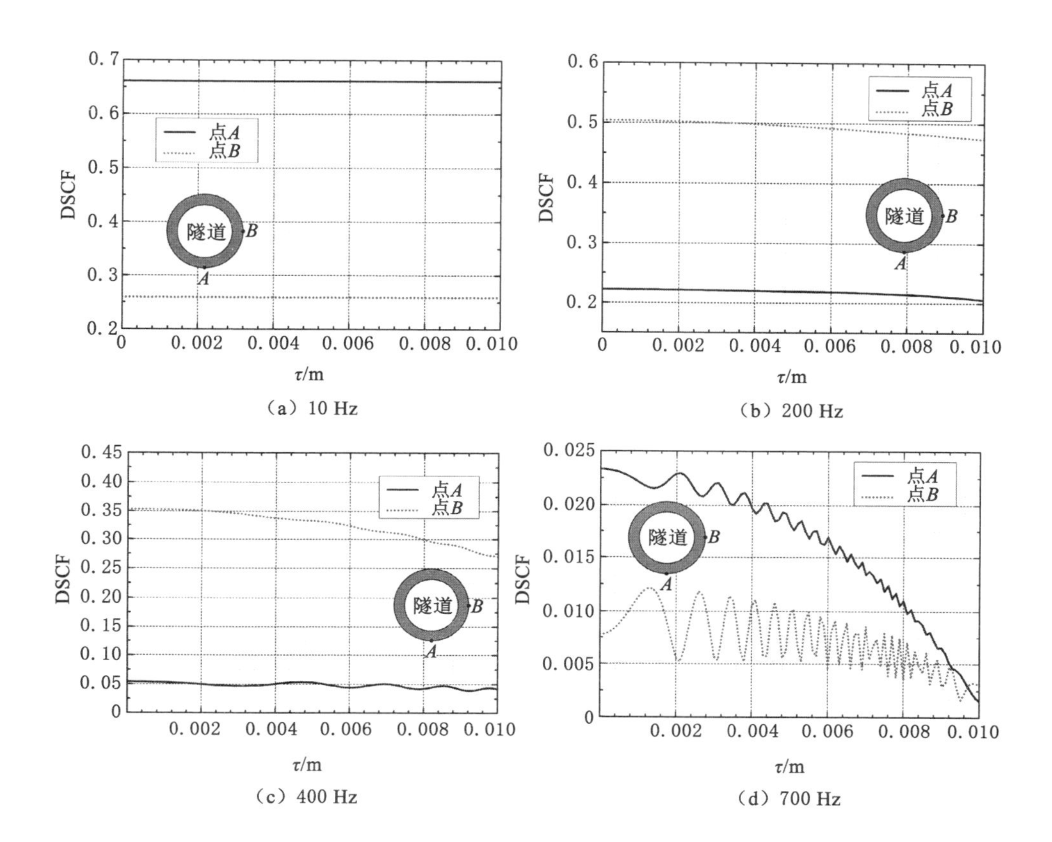

图 4-8 不同入射波频率下衬砌 DSCF 随非局部参数 τ 的变化曲线

及衬砌内波的叠加；且随着入射波频率的增加波的传播周期变短，由此引起 DSCF 的波动周期变短。除此之外，我们还可以发现随非局部参数的增加，DSCF 总体呈现下降的趋势，产生此现象的原因是随着 τ 的增加，土体中孔隙尺寸增大，增加了饱和土中波的散射，从而导致饱和土中波能量耗散增加。因此，传入衬砌内的能量减小，从而出现衬砌内动应力集中因子随非局部参数增加而逐渐减小的现象。

从图 4-8 可以看出，非局部参数对 DSCF 的影响与入射波频率有很大的关系。为了探究此频率范围，图 4-9 给出了非局部参数为 0.01 m 时不同入射角度下本书理论和 Biot 理论所得到的 DSCF 变化曲线随入射波频率变化曲线。由图可知，在入射波频率较小时，本书理论计算结果与 Biot 理论计算结果基本一致，而随着入射波频率的增加，本书计算结果会略低于 Biot 理论计算结果，这与图 4-8 得出的结果一致；从图中曲线还可知，可将入射波频率为 280 Hz 作为分界点。本书计算结果与采用 Biot 理论计算结果有所偏差的原因与图 4-8 的原因一致，都是孔隙尺寸的增加引起波能量耗散增加所致。

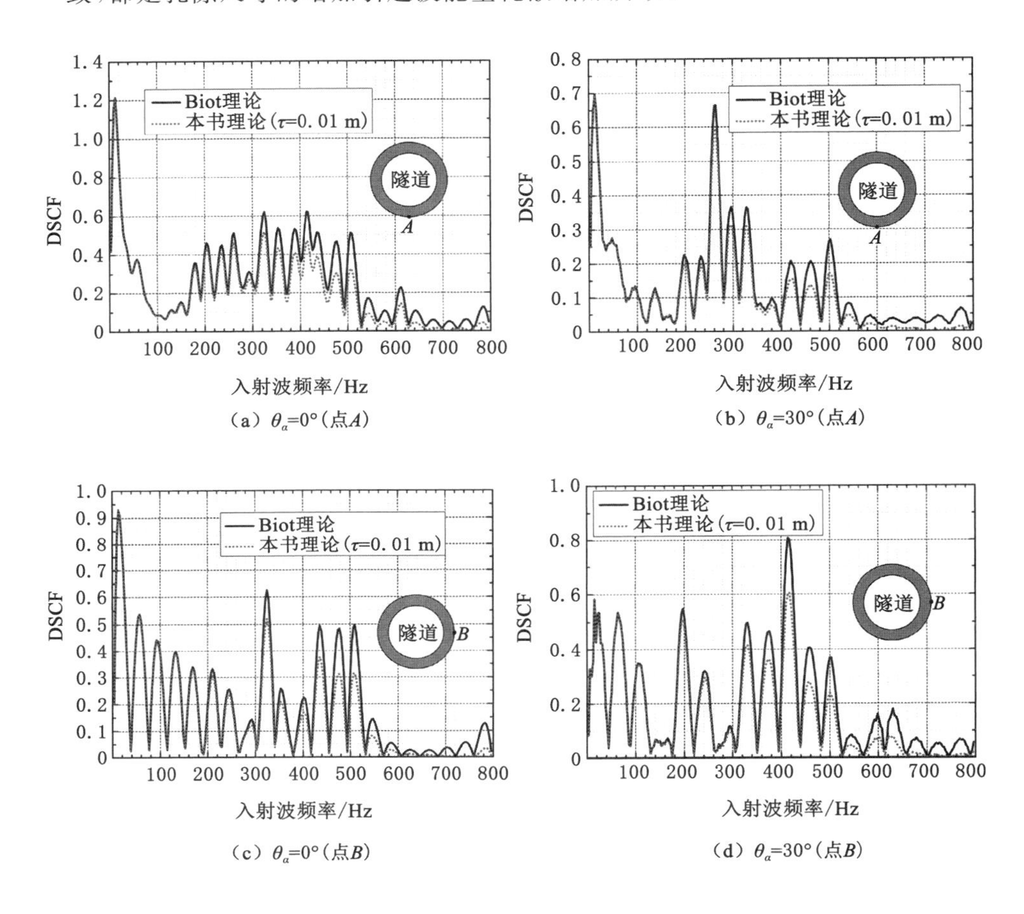

(a) θ_α=0°(点A)　(b) θ_α=30°(点A)

(c) θ_α=0°(点B)　(d) θ_α=30°(点B)

图 4-9　不同入射角下本书理论与 Biot 理论得到的 DSCF 随入射波频率变化曲线

从图 4-10 可以看出，不同入射角下衬砌内 DSCF 均随非局部参数的增加而呈现下降的趋势。当入射角为 0°时，曲线没有波动，说明没有产生波的干涉，同时计算模型是对称的，由此导致入射波和反射波的相位差与非局部参数无关；然而，当入射角大于 0°时，DSCF 曲线出现明显的波动现象，说明此时入射波和反射波的相位差与非局部参数有关，这也是深埋隧道的 DSCF 随非局部参数的增加未出现波动的原因。

由图 4-11 可知，与图 4-8 现象相同，非局部参数越大，所对应的 DSCF 越小。且由于波的干涉导致随入射角的增加，衬砌 DSCF 曲线变得更为复杂，例

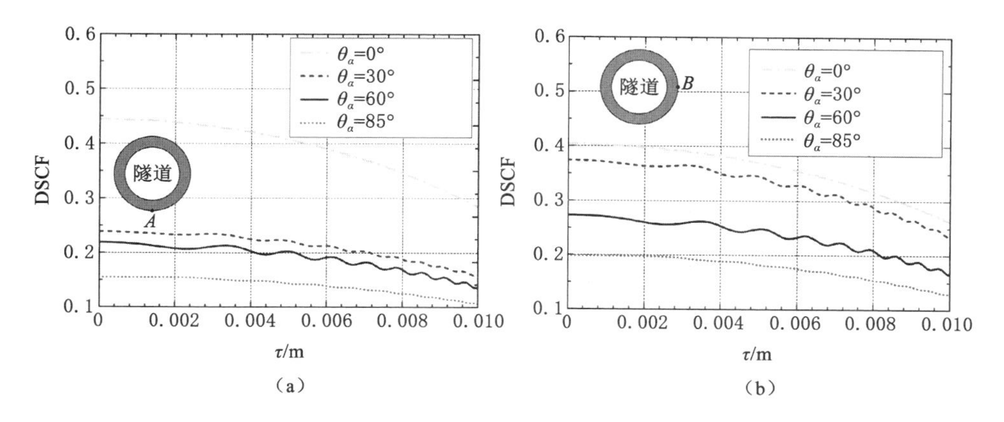

图 4-10　不同入射角下 DSCF 随非局部参数变化曲线(f=500 Hz)

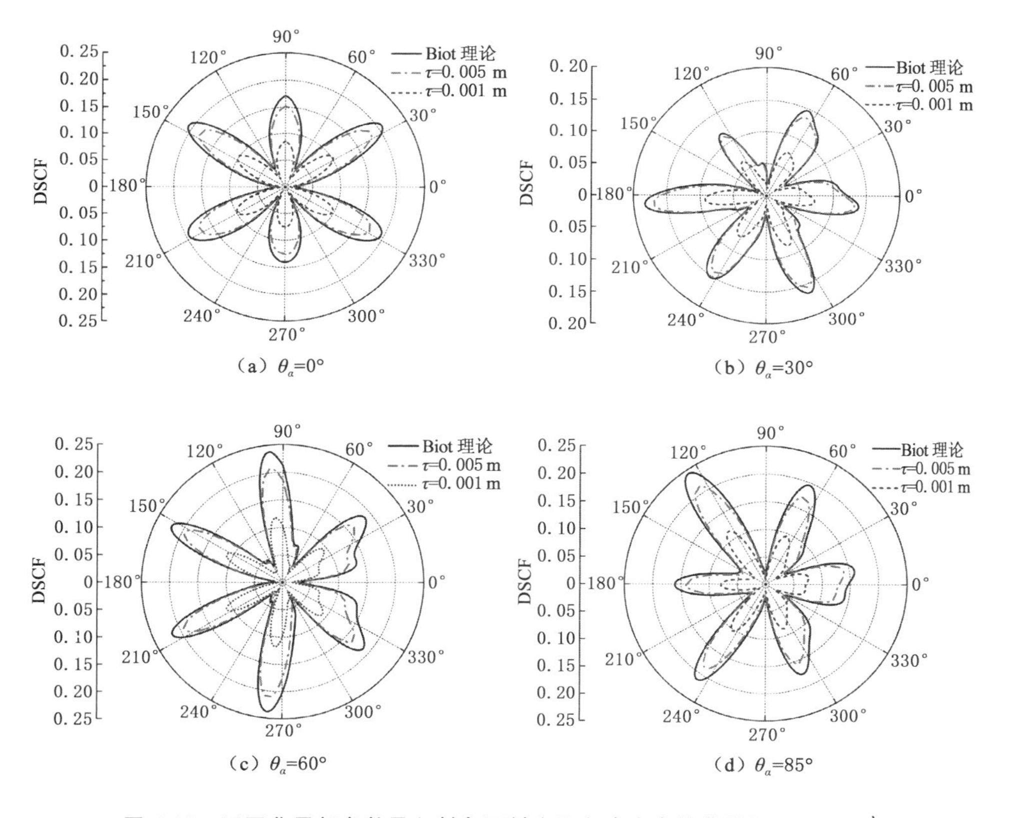

图 4-11　不同非局部参数及入射角下衬砌环向应力变化曲线(f=600 Hz)

如：$\theta_\alpha=0°$及$\tau=0.005$ m时，衬砌DSCF最大值为0.22，出现在衬砌右上及左上侧；然而，当$\theta_\alpha=30°$时，DSCF最大值为0.18，出现在衬砌右侧。因此，入射角对衬砌DSCF的影响较为显著，其原因是入射波的入射角会改变入射波与散射波之间的相位差。除此之外，比较不同非局部参数下DSCF变化曲线发现，非局部参数仅影响隧道环向应力值的大小，并不会影响其变化规律。

由图4-12可知，隧道埋深对DSCF影响较为显著，对比图4-12(a)、图4-12(c)、图4-12(e)或图4-12(b)、图4-12(d)、图4-12(f)可知，在入射波频率为10 Hz时，本书理论计算所得DSCF随着埋深的变化曲线与Biot理论计算所得曲线重合；然而，当入射频率为700 Hz时，本书理论计算所得结果与Biot理论计算结果有较为明显的差别，此现象与图4-9得出的结论相吻合。随着入射波频率的增加，DSCF变化曲线随着埋深的增加波动周期变短。除此之外，对比图4-12(a)和图4-12(b)，图4-12(c)和图4-12(d)以及图4-12(e)和图4-12(f)可以发现，入射角会改变衬砌内DSCF的变化规律，同时增加衬砌的埋深并不能减小衬砌内动应力集中因子。

为了更加全面地分析衬砌内DSCF变化曲线，图4-13为入射波频率为600 Hz时、不同入射角情况下衬砌内DSCF随埋深变化彩虹云图。由图可知，沿衬砌径向DSCF大小变化很小，而当衬砌半径一定时沿着衬砌环向DSCF波动较大，且DSCF最大值出现的地方与隧道的埋深有关。例如：当入射角为0°、隧道埋深为5 m及非局部参数为0.01 m时，衬砌内最大DSCF出现在隧道右下方和左下方；然而，当入射角为30°、埋深为5 m及非局部参数为0.01 m时，衬砌内DSCF最大值出现在衬砌右侧。因为随着隧道埋深的改变，引起介质中波的相位变化，从而产生不同波的干涉现象。

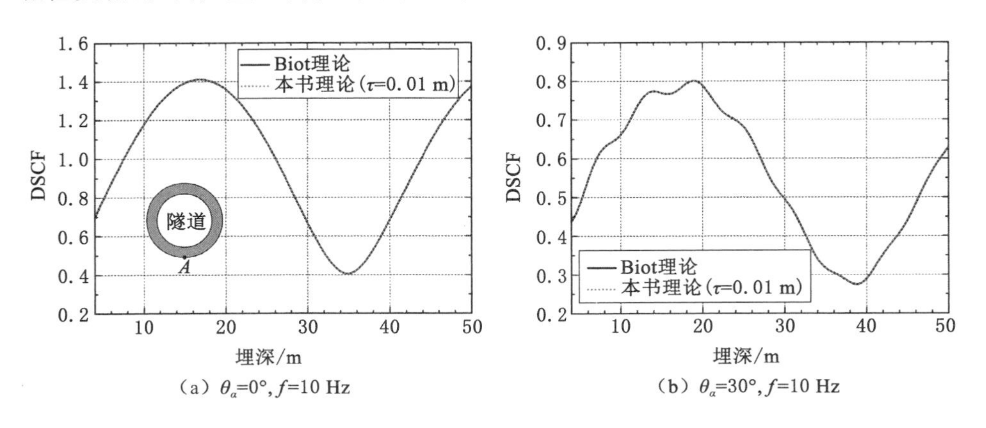

(a) $\theta_\alpha=0°$, $f=10$ Hz　(b) $\theta_\alpha=30°$, $f=10$ Hz

图4-12　不同入射角和入射波频率下衬砌DSCF随埋深变化曲线

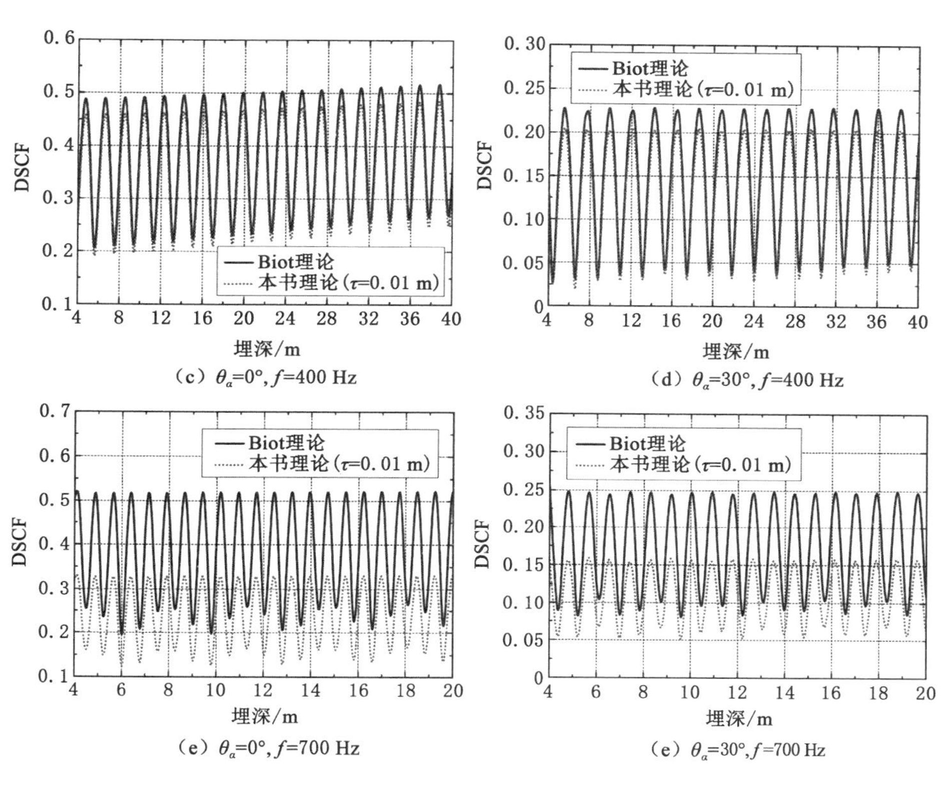

图 4-12(续)

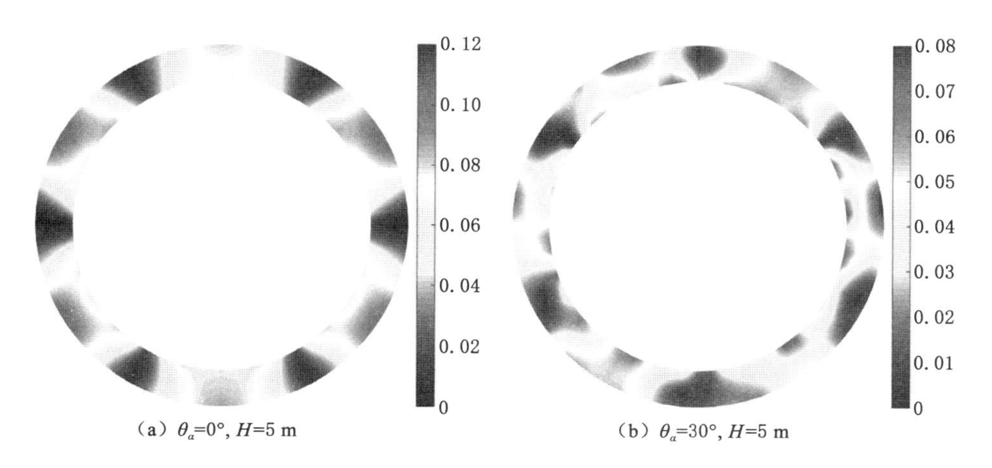

图 4-13　不同入射角及埋深下衬砌内 DSCF 变化云图(f=600 Hz)

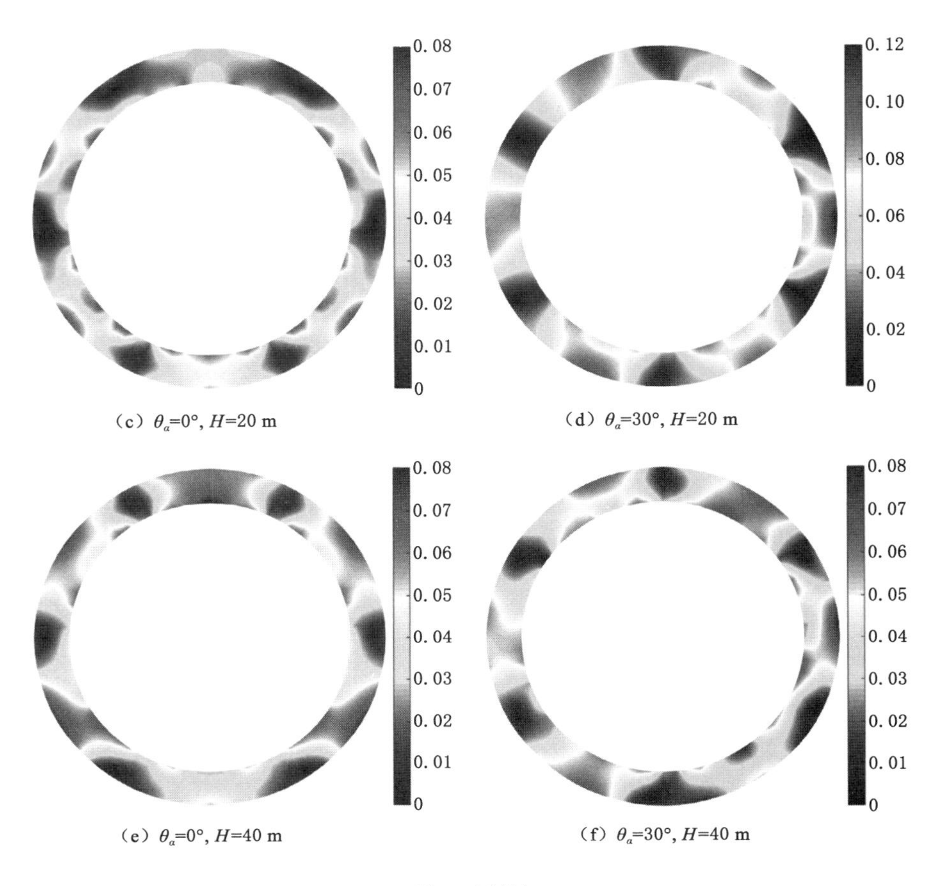

(c) θ_α=0°, H=20 m (d) θ_α=30°, H=20 m

(e) θ_α=0°, H=40 m (f) θ_α=30°, H=40 m

图 4-13(续)

4.4 浅埋复合式衬砌隧道对地震波的散射

4.4.1 模型构建及散射波场

目前,国内外学者针对复合式衬砌结构的动力响应问题研究还不多,且主要集中在弹性介质中的研究,关于饱和土中复合式衬砌的研究未见有关报道。为此,本章将针对复合式衬砌问题进行分析。地震波(以 P 波为例)作用下饱和土中浅埋复合式圆形衬砌计算简图及相应的坐标系统如图 4-14 所示,衬砌结构为各向同性弹性材料,假设土体为充满水的饱和各向同性材料。隧道中心埋深为 H,复合式衬砌内外半径分别为 R_1、R_2 和 R_3。为了简化计算起见,半空间的地表假设为半径很大的圆弧,圆弧半径为 R_s,应保证 R_s 足够大以保证计算结果的精度。为后续求解简便起见，定义两个极坐标系(r_1，θ_1)和(r_2，θ_2)，如图 4-14 所示。

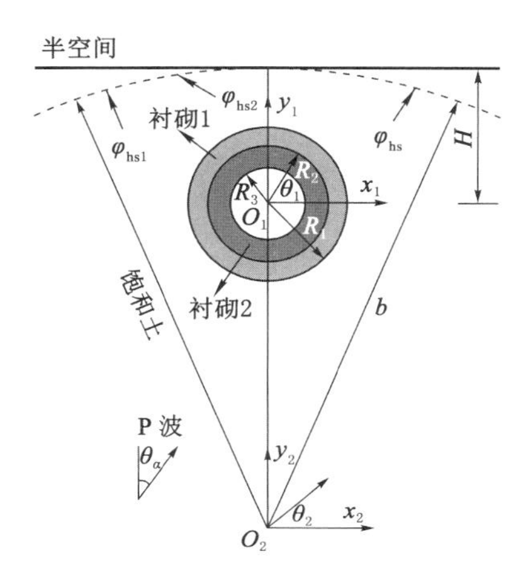

图 4-14　入射 P 波作用下饱和土中复合式衬砌及坐标系

入射 P 波经饱和土介质传播至衬砌外边界和半空间地表，将在衬砌外边界产生散射波场、地表产生反射波场以及衬砌产生的散射波传播至地面时而产生的散射波场，此三处波场与文献[7]和文献[8]的求解方法相同，此处不再赘述。所不同的是此处衬砌为双层衬砌[9]，地震波由饱和土传播至衬砌时，将在衬砌 1 与衬砌 2 边界处产生透射与反射，衬砌 1 中波场表达形式与本章中衬砌内波场一致，与求解衬砌 1 内波场方法一致，可假定两个标量势函数和两个矢量势函数，通过Holmholtz矢量分解定理可求得衬砌 2 中势函数表达式如下：

$$
\begin{cases}
\Phi_{l1}(r_1,\theta_1)=\sum\limits_{n=0}^{\infty}J_n(k_{\alpha2}r_1)(L_{l1}\cos n\theta_1+M_{l1}\sin n\theta_1) \\
\boldsymbol{\psi}_{l1}(r_1,\theta_1)=\sum\limits_{n=0}^{\infty}J_n(k_{\beta2}r_1)(R_{l1}\sin n\theta_1+T_{l1}\cos n\theta_1) \\
\Phi_{l2}(r_1,\theta_1)=\sum\limits_{n=0}^{\infty}H_n^{(1)}(k_{\alpha2}r_1)(L_{l2}\cos n\theta_1+M_{l2}\sin n\theta_1) \\
\boldsymbol{\psi}_{l2}(r_1,\theta_1)=\sum\limits_{n=0}^{\infty}H_n^{(1)}(k_{\beta2}r_1)(R_{l2}\sin n\theta_1+T_{l2}\cos n\,\theta_1)
\end{cases}
\tag{4-40}
$$

式中，Φ_{l1}、$\boldsymbol{\Psi}_{l1}$、Φ_{l2}和$\boldsymbol{\Psi}_{l2}$分别为衬砌 2 内透射波和反射波纵波势函数和剪切波势函数；$k_{\alpha2}$、$k_{\beta2}$分别为 P 波和 SV 波波数，L_{l1}、M_{l1}、R_{l1}、T_{l1}和L_{l2}、M_{l2}、R_{l2}、T_{l2}分别为待定系数。

因此，衬砌内总波场为：

$$\begin{aligned}\Phi_{l} &= \Phi_{l1} + \Phi_{l2} \\ \boldsymbol{\Psi}_{l} &= \boldsymbol{\Psi}_{l1} + \boldsymbol{\Psi}_{l2}\end{aligned} \tag{4-41}$$

4.4.2 边界条件及波场求解

本章所求解问题的边界条件除了式(4-30)至式(4-33)外，还应增加衬砌1与衬砌2交界面的连续性边界条件，所属坐标系统为(r_1,θ_1)。当$r=R_2$时：

$$\begin{cases} u_{s,r1} = u_{s,r2} \\ u_{s,\theta1} = u_{s,\theta2} \\ \sigma_{s,r1} = \sigma_{s,r2} \\ \sigma_{s,r\theta1} = \sigma_{s,r\theta2} \end{cases} \tag{4-42}$$

式中，$u_{s,r1}$、$u_{s,r2}$分别为衬砌1和衬砌2的径向位移；$u_{s,\theta1}$、$u_{s,\theta2}$分别为衬砌1和衬砌2内切向位移；$\sigma_{s,r1}$、$\sigma_{s,r2}$分别为衬砌1和衬砌2的法向应力；$\sigma_{s,r\theta1}$、$\sigma_{s,r\theta2}$分别为衬砌1和衬砌2的切向应力。利用边界条件及Graf坐标变换可求解出本章问题中的28个待定系数，求解方法与单层衬砌相同，在此不再赘述。

4.4.3 计算结果与参数分析

为了研究分析孔隙尺寸、孔隙动应力及衬砌厚度和衬砌刚度对复合式衬砌内动应力集中的影响，本章选取饱和土计算参数如下：土颗粒密度$\rho_s=2\ 650\ \text{kg/m}^3$，流体密度$\rho_f=1\ 000\ \text{kg/m}^3$，孔隙比$n_0=0.3$，泊松比$\nu=0.35$，弹性模量$E=60$ MPa，渗透系数$\kappa=1\times10^{-8}\ \text{m}^{-2}$，动力黏度$\eta=1.0\times10^{-3}$ Pa·s，弯曲因子$\xi=1$，$a=23\ \mu\text{m}$，Biot参数$\alpha=0.998$及$M=5.859\times10^{9}$ Pa。衬砌参数见表4-1。

表4-1 复合式衬砌材料参数

衬砌介质	弹性模量/GPa	密度/(kg·m^{-3})	泊松比	衬砌层厚度/m
衬砌1	10(0.5～30)	2 500(常量)	0.24(常量)	0.2(0.1～0.8)
衬砌2	30(10～45)	2 600(常量)	0.21(常量)	0.3(0.1～0.8)

注：括号内为范围值；分析其他影响因素时，$R_1=3.2$ m、$R_2=3$ m、$R_3=2.7$ m。

由图4-15可知，当入射波频率为10 Hz时，复合式衬砌内外边界随非局部参数增加DSCF几乎没有变化；然而，随着入射波频率的增大，DSCF随非局部参数的变化更为显著。因此，非局部参数对复合式衬砌DSCF的影响与入射波频率有关，且频率越大非局部参数对DSCF的影响越大。同时，对比图4-15(c)和图4-15(d)可以发现，复合式衬砌内外边界DSCF曲线出现波动，而且在入射频率为800 Hz时波动周期比入射波频率为500 Hz时更短。这是由于饱和土及

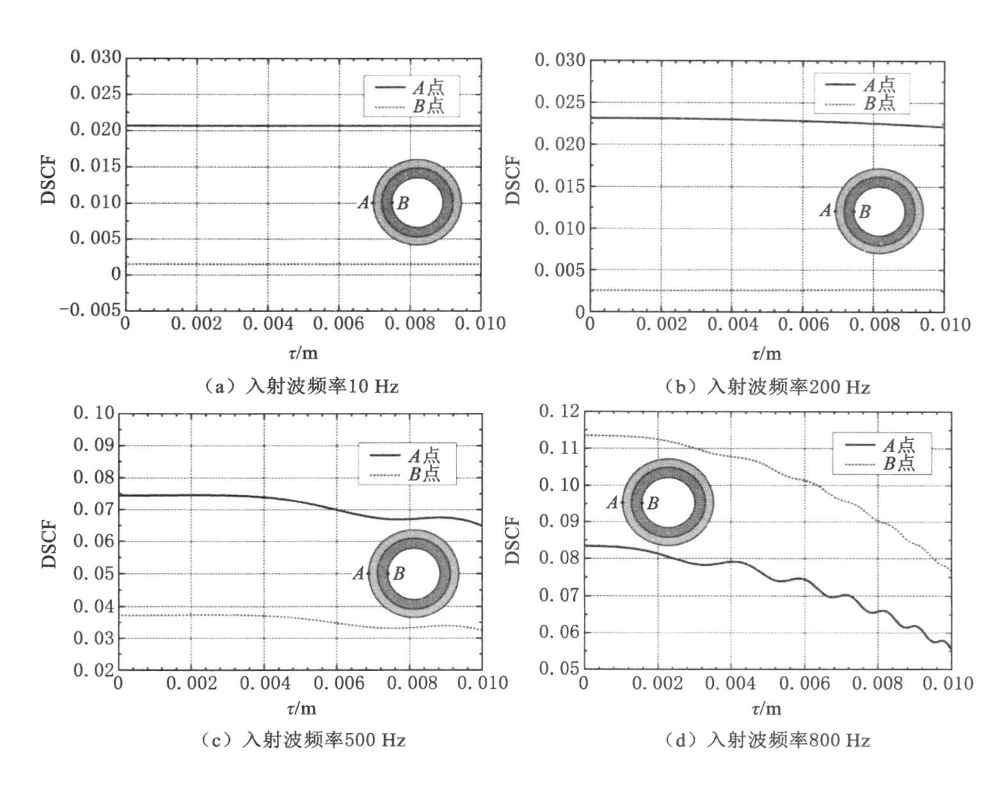

图 4-15　不同入射波频率下复合式衬砌内外边界 DSCF 随非局部参数变化曲线

衬砌内存在波的干涉现象，导致饱和土及衬砌内波的叠加，且随着入射波频率的增加波的振动周期越短，因此引起 DSCF 波动周期越短。除此之外，随非局部参数的增加，DSCF 总体呈现下降的趋势，此现象与单层衬砌一样。这是因为随着非局部参数 τ 的增加，土体中孔隙尺寸增大，加大了饱和土中波的散射，从而导致饱和土中波能量耗散增加，因此传入衬砌内的能量减小，导致复合式衬砌内动应力集中因子的减小。

从图 4-15 的分析结果可以看出，非局部参数对复合式衬砌内外边界 DSCF 的影响与入射波频率有很大的关系。为了探究频率的影响范围，图 4-16 给出了非局部参数为 0.01 m 时复合式衬砌内外边界在不同入射角度下本书理论和 Biot理论复合式衬砌 DSCF 随入射波频率变化曲线。由图可知，在入射波频率较小时，本书理论计算结果与 Biot 理论计算结果基本一致；然而，随着入射波频率的增加，本书理论计算结果会略低于 Biot 理论计算结果，这与图 4-15 得出的结果一致。从图中曲线可知，可以将入射频率为 700 Hz 作为分界点。综上所

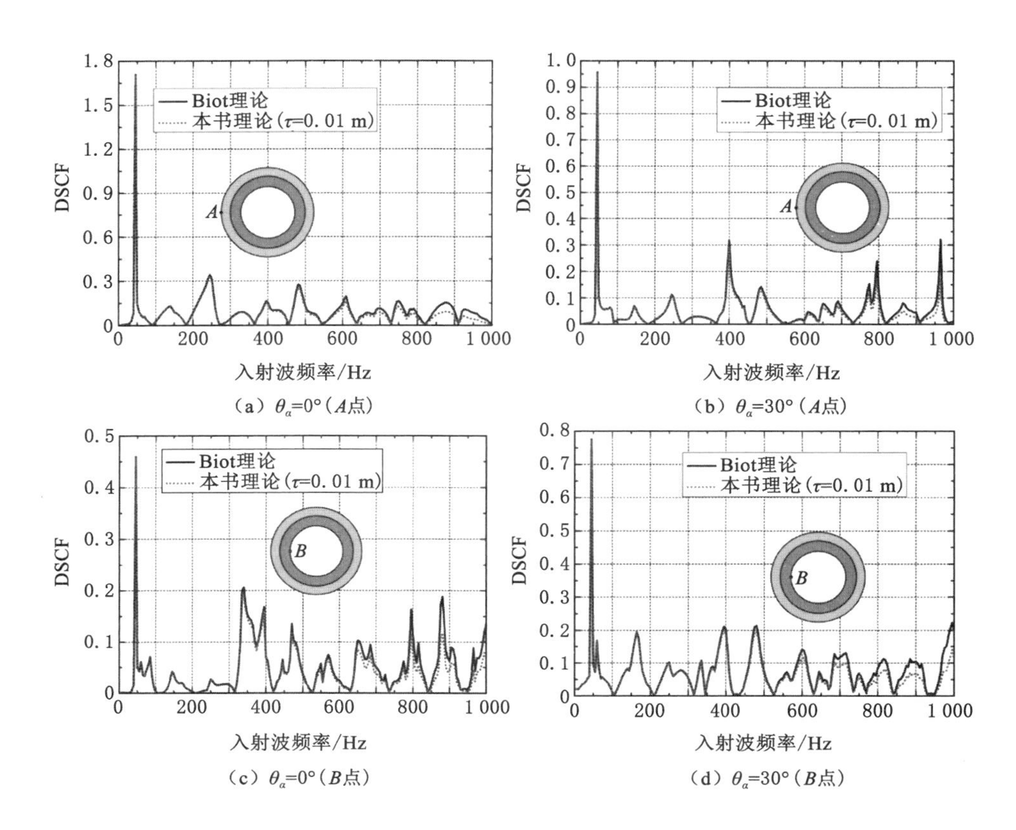

(a) θ_α=0°(A点)　(b) θ_α=30°(A点)

(c) θ_α=0°(B点)　(d) θ_α=30°(B点)

图 4-16　不同入射角下本书理论与 Biot 理论复合式衬砌 DSCF 随入射波频率变化曲线

述，本书计算结果与采用 Biot 理论计算结果有所偏差的原因与图 4-15 的原因一样，都是由于孔隙尺寸的增加，引起波能量耗散增加所致。

图 4-17 为入射频率为 800 Hz 及入射波以不同角度入射时复合式衬砌内外边界 DSCF 随非局部参数变化曲线。从图中可以看出，不同入射角下，衬砌内外边界 DSCF 均随非局部参数的增加而呈现下降的趋势。与单层衬砌类似，入射角为 0°时曲线没有波动，说明入射角为 0°时没有产生波的干涉。这是由于入射角为 0°时计算模型对称，导致入射波和反射波的相位差与非局部参数无关。然而，当入射角大于 0°时，DSCF 曲线出现了明显的波动现象，说明入射角不为 0°时非局部参数对入射波和反射波的相位差有较为显著的影响。

为全面地分析衬砌环向动应力集中情况，图 4-18 给出了入射波频率为 800 Hz时不同入射角和不同非局部参数下复合式衬砌内外边界环向 DSCF 变化曲线。由图可以看出，与图 4-15 现象相同，非局部参数越大，所对应的 DSCF 越小；随着入射角度的增加，复合式衬砌内外边界 DSCF 分布情况变化较大，且

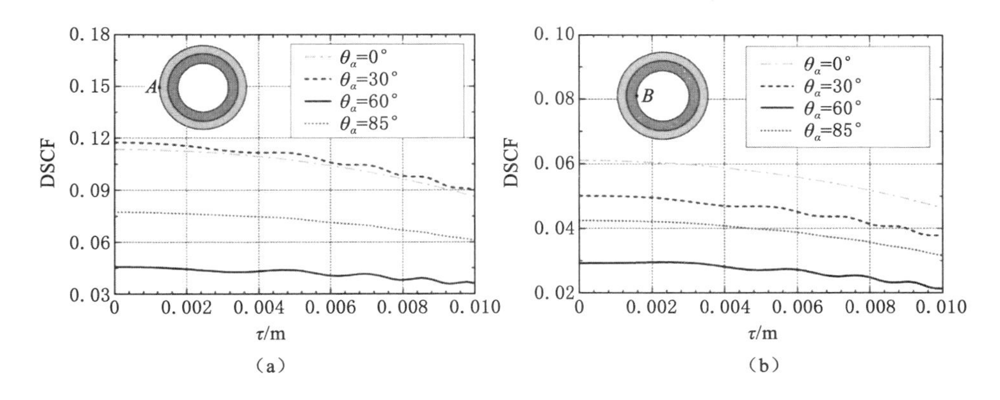

图 4-17　不同入射角下复合式衬砌 DSCF 随非局部参数变化曲线(f=800 Hz)

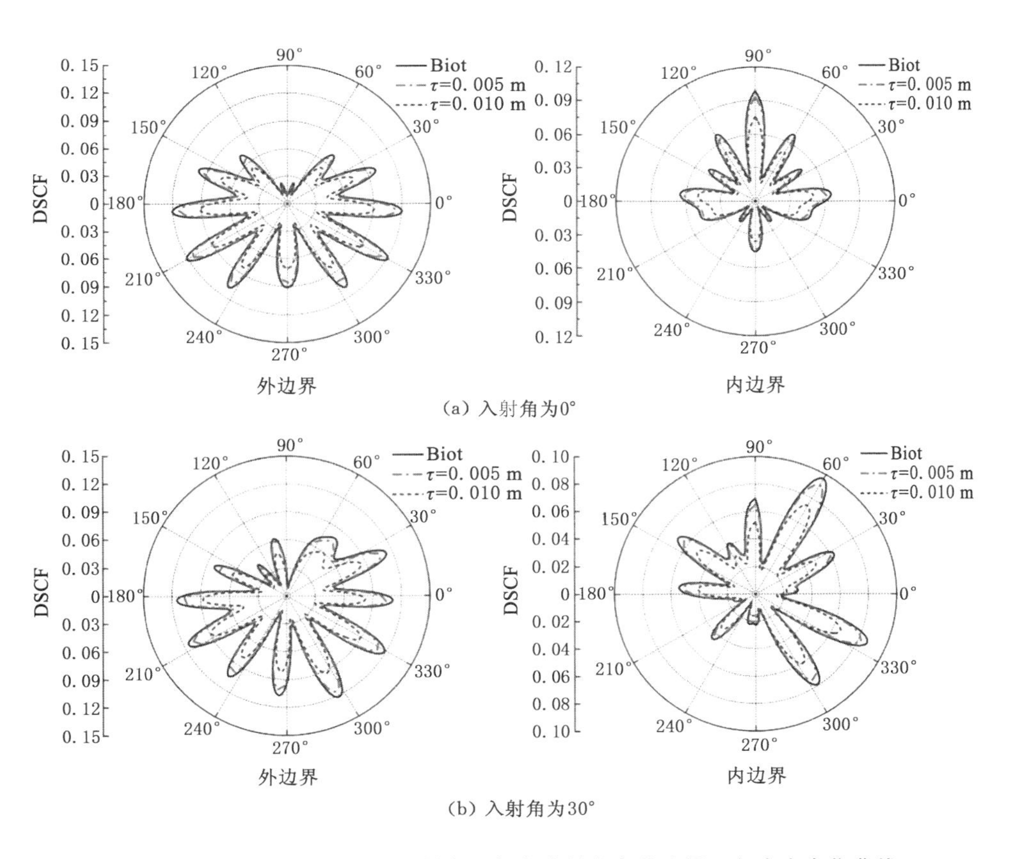

图 4-18　不同非局部参数及入射角下复合式衬砌内外边界环向应力变化曲线

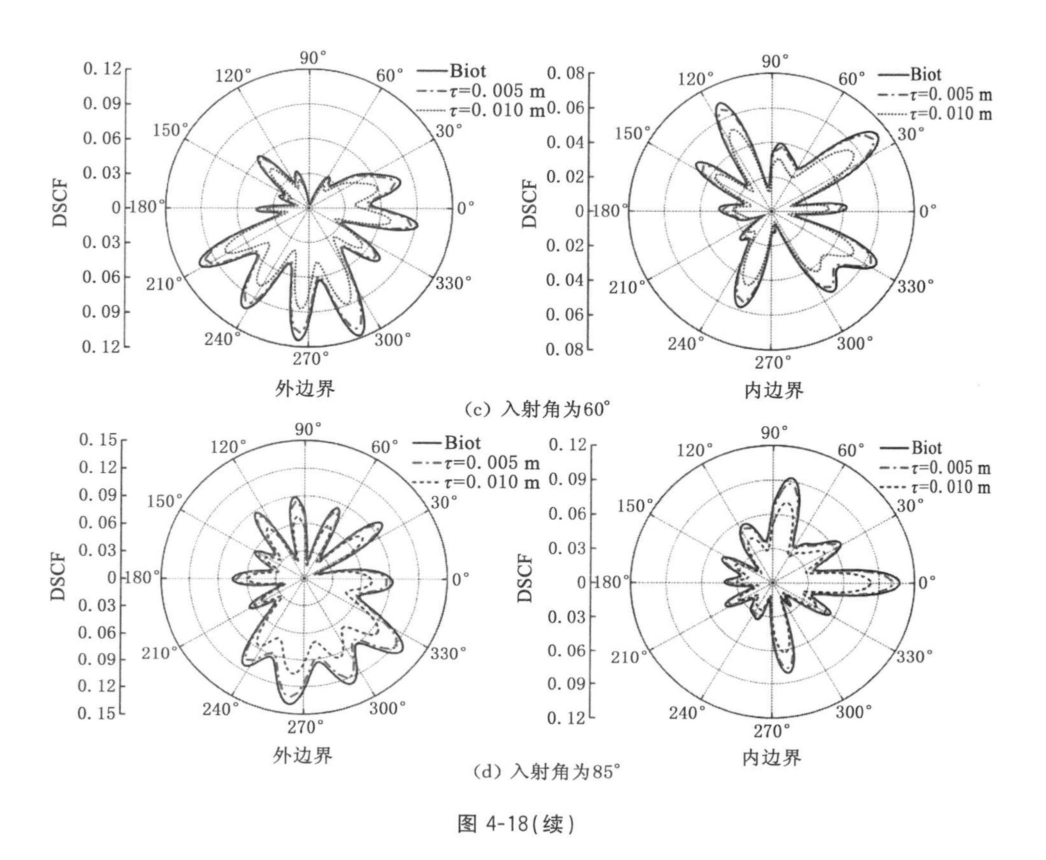

(c) 入射角为60°

(d) 入射角为85°

图 4-18(续)

最大值位置同样随之变化。这是由于入射波的入射角会改变入射波和反射波的相位差,从而影响了入射波与反射波的干涉;同时,同一入射角下衬砌内外边界DSCF分布规律也不同,最大值出现的部位也不一致。由此可见,入射角对复合式衬砌DSCF的影响较为显著。除此之外,比较不同非局部参数下DSCF变化曲线,发现非局部参数仅影响隧道环向应力值的大小,但不会影响其变化规律。

图4-19为非局部参数为0.01 m时不同入射频率下复合式衬砌内外边界DSCF随衬砌厚度的变化曲线。由图可以看出,当入射波频率为10 Hz时,随着衬砌1和衬砌2厚度的增加,衬砌外边界DSCF变化较大,曲线变化较为平缓,而衬砌内边界DSCF变化很小。由图还可以看出,当入射波频率为10 Hz时,衬砌DSCF随衬砌厚度的增加而逐渐减小;然而,随着入射波频率的增加,随衬砌厚度的变化衬砌内外边界DSCF曲线变得复杂,规律不再那么明显。这是由于随入射频率的增加导致入射与散射波的干涉现象增强,导致复合式衬砌内外边界DSCF变化更为复杂。由此可知,低频时可以通过增加衬砌的厚度来减小衬

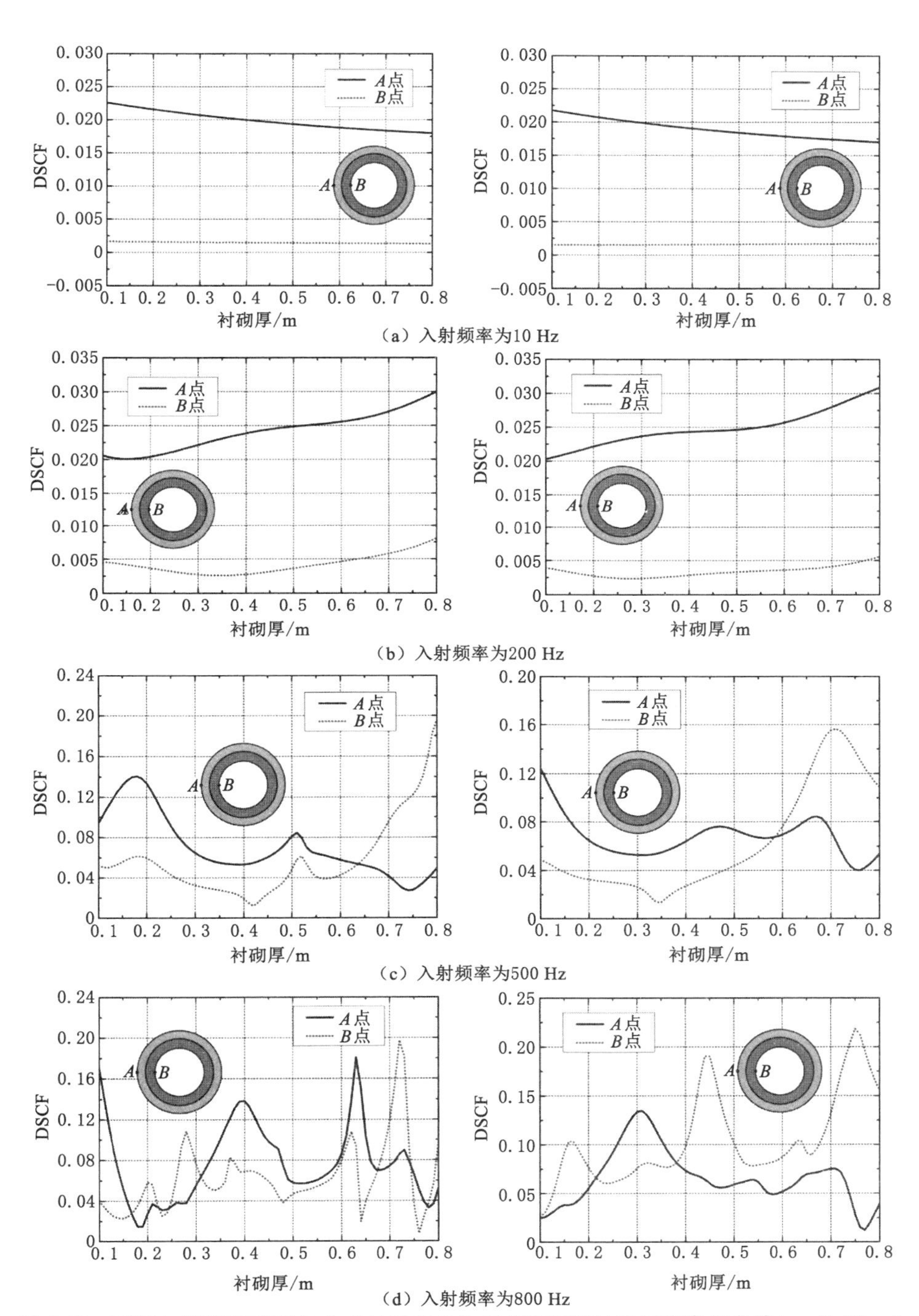

（a）入射频率为10 Hz

（b）入射频率为200 Hz

（c）入射频率为500 Hz

（d）入射频率为800 Hz

图 4-19　不同入射波频率下复合式衬砌内外边界 DSCF 随衬砌厚度变化曲线($\tau=0.01$ m)

砌内动应力集中,而高频下增加衬砌厚度对衬砌减震没有实质性的效果。

图 4-20 为非局部参数为 0.01 m 及不同入射波频率下复合式衬砌内外边界 DSCF 随衬砌弹性模量变化曲线。从图 4-20(a)可以看出,在入射波频率为 10 Hz时,随衬砌 1 弹性模量的增加复合式衬砌内外边界 DSCF 逐渐增加,而随衬砌 2 弹性模量的增加复合式衬砌内外边界 DSCF 逐渐减小。随着入射波频率的增加,衬砌内外边界 DSCF 与复合式衬砌刚度关系曲线波动变得复杂,其原因与图 4-19 相同,导致复合式衬砌内外边界 DSCF 变化更为复杂。综上所述,当入射波频率较小时,可以通过增加衬砌 2 弹性模量来减小复合式衬砌应力集中,

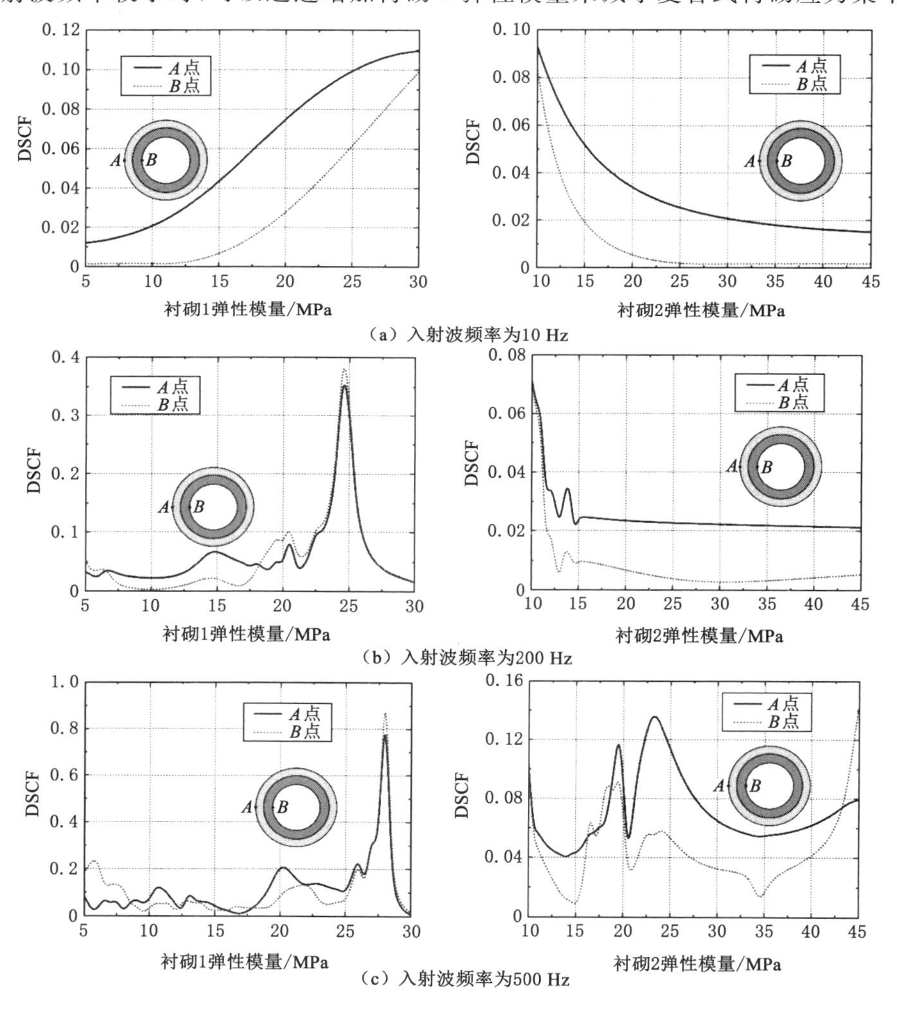

图 4-20　不同入射波频率下复合式衬砌内外边界 DSCF 随衬砌弹性模量变化曲线(τ=0.01 m)

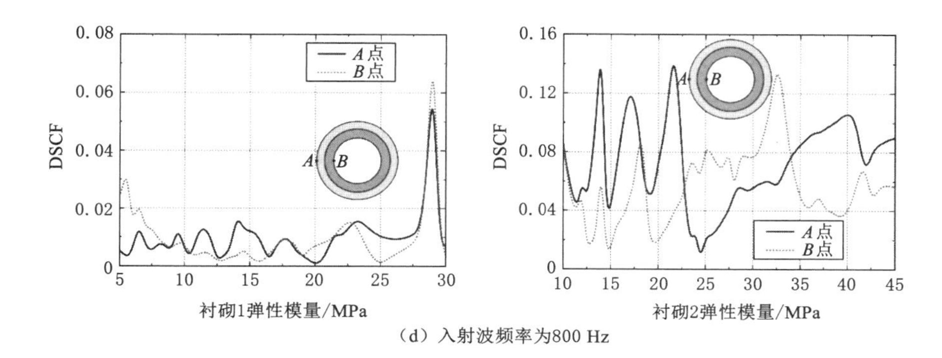

（d）入射波频率为800 Hz

图 4-20(续)

而高频下增加衬砌弹性模量对复合式衬砌的减震没有实质性的效果。

图 4-21 和图 4-22 分别为不同入射角及入射波频率下本书计算结果与 Biot 理论计算所得的复合式衬砌内外边界 DSCF 随隧道埋深变化的曲线。由图可知，隧道埋深对 DSCF 影响较为显著。在入射波频率为 10 Hz 时，本书理论计算

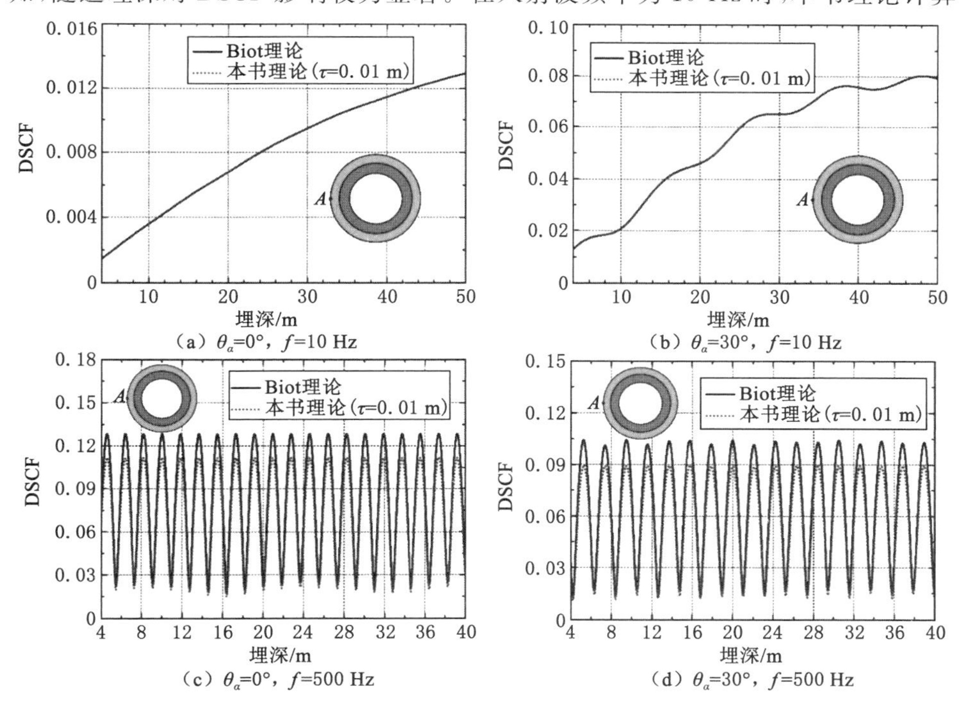

（a）θ_{α}=0°，f=10 Hz　（b）θ_{α}=30°，f=10 Hz

（c）θ_{α}=0°，f=500 Hz　（d）θ_{α}=30°，f=500 Hz

图 4-21　不同入射角和入射波频率下复合式衬砌外边界 DSCF 随埋深变化曲线

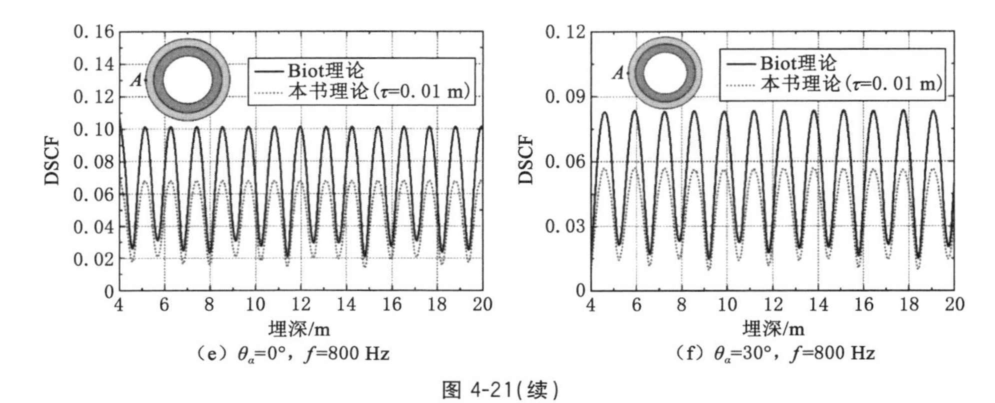

(e) θ_α=0°，f=800 Hz　　(f) θ_α=30°，f=800 Hz

图 4-21(续)

所得 DSCF 随埋深的变化曲线与 Biot 理论计算所得曲线重合；然而，在入射波频率为 800 Hz 时，本书理论计算所得结果与 Biot 理论计算结果有较为明显的差别。此现象与图 4-15 得出的结论相吻合。随入射波频率的增加，DSCF 变化曲线随埋深的增加波动周期变短，这是由于入射波频率的增加导致干涉现象更

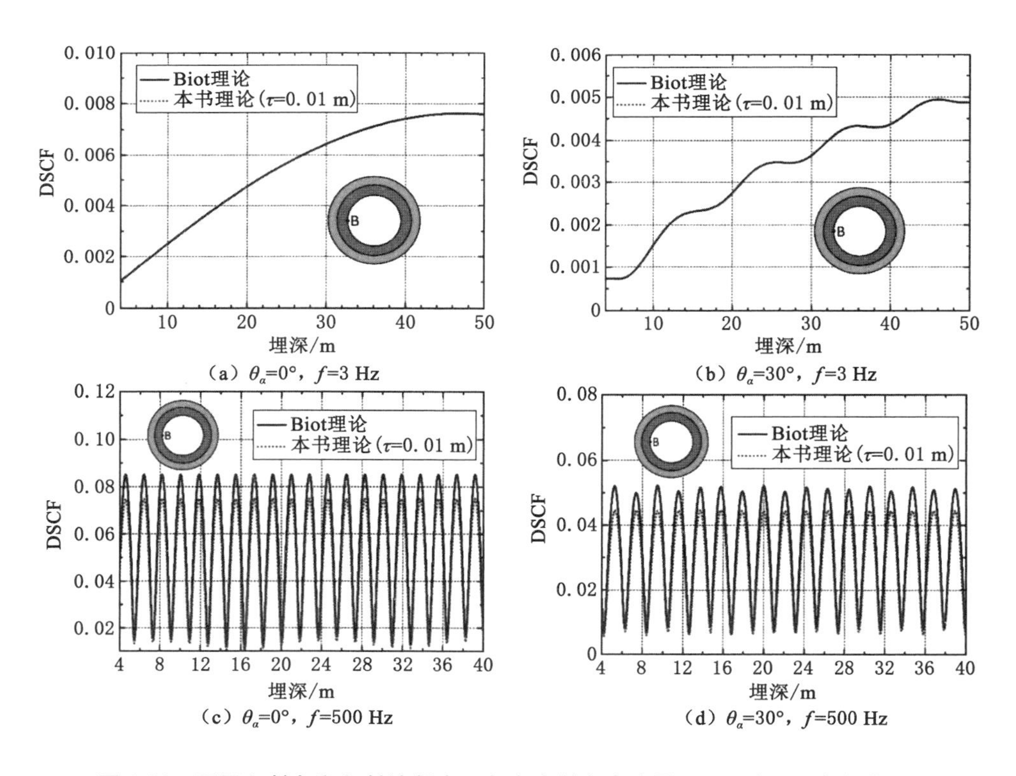

(a) θ_α=0°，f=3 Hz　　(b) θ_α=30°，f=3 Hz

(c) θ_α=0°，f=500 Hz　　(d) θ_α=30°，f=500 Hz

图 4-22　不同入射角和入射波频率下复合式衬砌内边界 DSCF 随埋深变化曲线

加明显，从而导致波动现象更加明显。除此之外，不同入射角会改变衬砌内 DSCF 的变化规律，且增加复合式衬砌的埋深并不能达到减震的效果。

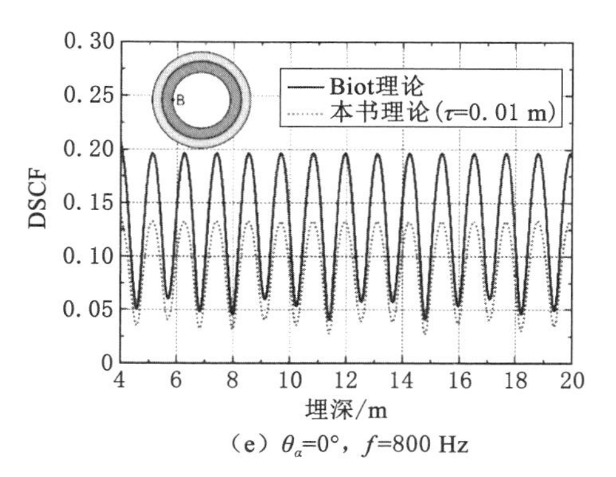

（e）$\theta_\alpha=0°$，$f=800$ Hz

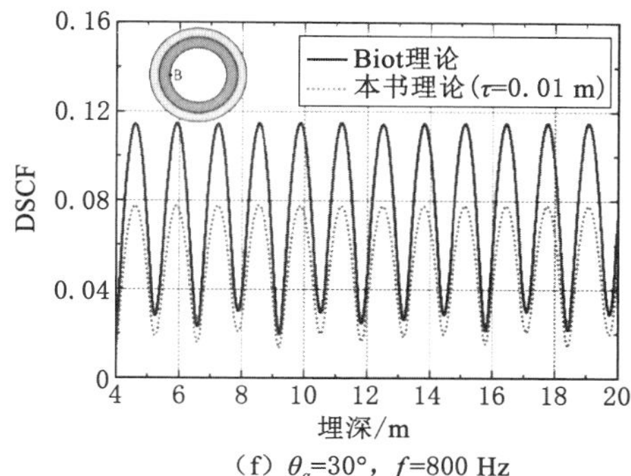

（f）$\theta_\alpha=30°$，$f=800$ Hz

图 4-22（续）

4.5　本章小结

本章基于非局部 Biot 理论，利用波函数法重新推导了饱和土中波场表达式，研究了地震波（以 P 波为例）作用下饱和土中深埋圆形衬砌、浅埋圆形衬砌和浅埋复合式衬砌的动应力响应问题，得出了一些对今后衬砌设计具有指导意义的结论。具体结论如下：

利用波函数展开法研究了饱和土介质中深埋圆形衬砌动应力响应问题，并分析了非局部参数、入射波频率和衬砌厚度等因素对衬砌内动应力集中因子的影响。研究表明，非局部参数仅在高频下对衬砌动应力集中因子具有较大的影响，且当入射波频率高于 7 000 Hz 时，此影响不可以忽略。

利用 Graf 坐标转换和波函数展开法研究了饱和土中浅埋圆形衬砌的动应力集中问题，分析了非局部参数、入射波频率、入射角及隧道埋深等因素对衬砌内动应力集中因子的影响。研究表明，非局部参数对衬砌动应力集中因子的影响与入射波频率有关，高频下影响较为显著，当入射波频率大于 280 Hz 时，此影响不可忽略。除此之外，入射角和隧道埋深对衬砌内动应力集中的影响均较为复杂。

利用 Graf 坐标转换和波函数展开法研究了饱和土中浅埋复合式衬砌的动应力响应问题，分析了非局部参数、入射波频率、入射角、衬砌厚度、衬砌刚度及隧道埋深等因素对衬砌内动应力集中因子的影响。研究表明，当入射波频率大于 700 Hz 时，此影响不可忽略；低频时，增加衬砌厚度及内侧衬砌刚度可以有效地减小衬砌内动应力集中。此外，入射角和隧道埋深对复合式衬砌内动应力集中的影响较为复杂。

研究还表明，高频时饱和土中孔隙尺寸及孔隙动应力对饱和土动力特性的影响不可忽略，建议地铁隧道衬砌设计时考虑这一因素。

本章参考文献

[1] PAO Y H,MOW C C,ACHENBACH J D. Diffraction of elastic waves and dynamic stress concentrations[J]. Journal of applied mechanics, 1973, 40(4):872.

[2] 周香莲，周光明，王建华. 饱和土中圆形衬砌结构对弹性波的散射[J]. 岩石力学与工程学报,2005,24(9):1572-1576.

[3] DING H B, TONG L H, XU C J, et al. Dynamic responses of shallow buried composite cylindrical lining embedded in saturated soil under incident P wave based on nonlocal-Biot theory[J]. Soil dynamics and earthquake engineering,2019,121:40-56.

[4] LIN C H,LEE V W,TRIFUNAC M D. The reflection of plane waves in a poroelastic half-space saturated with inviscid fluid[J]. Soil dynamics and earthquake engineering,2005,25(3):205-223.

[5] ABRAMOWITZ M,STEGUN I A,ROMAIN J E. Handbook of mathematical functions,with formulas,graphs,and mathematical tables[J]. Physics today,1966,19(1):120-121.

[6] LIU Z X,JU X,WU C Q,et al. Scattering of plane P1 waves and dynamic stress concentration by a lined tunnel in a fluid-saturated poroelastic half-space[J]. Tunnelling and underground space technology, 2017, 67: 71-84.

[7] XU C J, DING H B, TONG L H, et al. Scattering of a plane wave by shallow buried cylindrical lining in a poroelastic half-space[J]. Applied mathematical modelling,2019,70:171-189.

[8] 徐长节，丁海滨，童立红，等. 基于非局部 Biot 理论下饱和土中深埋圆柱形衬砌对平面弹性波的散射[J]. 岩土工程学报,2018,40(9):1563-1570.

[9] DING H B, TONG L H, XU C J, et al. Aseismic performance analysis of composite lining embedded in saturated poroelastic half space[J]. International journal of geomechanics,2020,20(9):04020156.

第5章 非局部Biot理论在移动荷载引起结构动力响应中的应用

5.1 概　　述

移动荷载下孔隙介质的动力响应在土木工程和环境工程中具有重要意义[1]。近年来,随着高速铁路的快速发展,移动荷载对地基的影响也日益显著。高速列车行驶时会在轨道和地基中引起振动,特别是当列车的运行速度接近轨道地基系统的临界速度[1]时,能量不能在轨道结构和周围地基中及时逸散,从而产生过大的振动。当轨道架设在没有经过特殊处理的软弱地基上时,地基中Rayleigh波的传播速度较小,以现有高速列车的运行速度可以轻易达到或超过地基Rayleigh波的传播速度。从观察者的角度看,轨道和地基的变形会出现累积叠加现象,从而产生强烈的振动。所以在考察地基和轨道的振动问题时,土体中波的传播规律和轨道结构对荷载传递的影响作用都是研究的重点。随着高速铁路和高速公路在各个国家的建成和投入运行,高速运动荷载所引起的波在轨道和地基中的传播问题也得到广泛研究。因此,随着高速铁路的建设和投入运营,列车引起的轨道及周围环境的振动也成为迫切需要研究和解决的问题。

根据笔者对孔隙介质在移动荷载作用下动力响应的研究[2-3],本章将基于修正的Biot饱和孔隙介质模型[4](非局部Biot理论),介绍饱和土地基在不同类型动载作用下的动力响应问题及其相应的解答。

5.2 移动点荷载下饱和土动力响应

5.2.1 计算模型及求解

饱和土体上表面受移动点荷载 $P(t)$ 作用,点荷载以速度 v 匀速向 x 正方向移动，如图 5-1 所示，饱和土层假设为无限深。

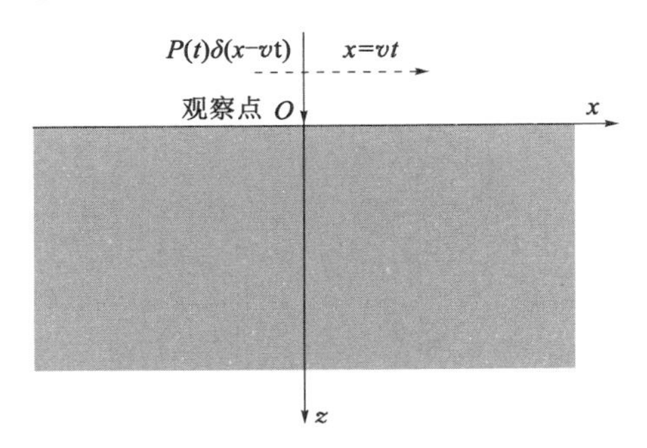

图 5-1 移动点荷载下饱和土地基动力响应模型

本章所用的非局部 Biot 理论控制方程见第 2 章，并且采用 Fourier 变换法求解移动荷载下饱和土地基的动力响应问题。为此，本章引入土骨架位移的标量势函数 φ_s 和矢量势函数 $\boldsymbol{\psi}_s$，以及流体位移的标量势函数 φ_f 和矢量势函数 $\boldsymbol{\psi}_f$。由此可知，饱和土中土骨架位移和流体相对土骨架位移可表示为：

$$\begin{cases} u = \nabla\varphi_s + \nabla\times\boldsymbol{\psi}_s \\ w = \nabla\varphi_f + \nabla\times\boldsymbol{\psi}_f \end{cases} \tag{5-1}$$

将式(5-1)代入非局部-Biot 理论并考虑阻尼效应的控制方程，可得：

$$\begin{cases} \begin{bmatrix} \lambda+2\mu+\alpha^2 M & \alpha M \\ \alpha M & M \end{bmatrix} \begin{bmatrix} \nabla^2\varphi_s \\ \nabla^2\varphi_f \end{bmatrix} = \begin{bmatrix} (1-\tau^2\nabla^2)\left(\rho\dfrac{\partial^2}{\partial t^2}+\delta\dfrac{\partial}{\partial t}\right) & (1-\tau^2\nabla^2)\rho_f\dfrac{\partial^2}{\partial t^2} \\ \rho_f\dfrac{\partial^2}{\partial t^2} & m\dfrac{\partial^2}{\partial t^2}+\dfrac{\partial}{\partial t}\mathrm{b} \end{bmatrix} \begin{bmatrix} \varphi_s \\ \varphi_f \end{bmatrix} \\ \begin{bmatrix} \mu & 0 \\ 0 & 0 \end{bmatrix} \begin{bmatrix} \nabla^2\boldsymbol{\psi}_s \\ \nabla^2\boldsymbol{\psi}_f \end{bmatrix} = \begin{bmatrix} (1-\tau^2\nabla^2)\left(\rho\dfrac{\partial^2}{\partial t^2}+\delta\dfrac{\partial}{\partial t}\right) & (1-\tau^2\nabla^2)\rho_f\dfrac{\partial^2}{\partial t^2} \\ \rho_f\dfrac{\partial^2}{\partial t^2} & m\dfrac{\partial^2}{\partial t^2}+\dfrac{\partial}{\partial t}b \end{bmatrix} \begin{bmatrix} \boldsymbol{\psi}_s \\ \boldsymbol{\psi}_f \end{bmatrix} \end{cases} \tag{5-2}$$

由于所考虑的是平面应变问题，因此式(5-2)中的拉普拉斯算子可表示为 $\nabla^2 = \dfrac{\partial^2}{\partial x^2}+\dfrac{\partial^2}{\partial z^2}$。引入时域和频域内的 Fourier 变换对：

$$\begin{cases} \tilde{f}(x,z,\omega) = \displaystyle\int_{-\infty}^{+\infty} f(x,z,t)\ \mathrm{e}^{\mathrm{i}\omega t}\,\mathrm{d}t \\ f(x,z,t) = \dfrac{1}{2\pi}\displaystyle\int_{-\infty}^{+\infty} \tilde{f}(x,z,\omega)\,\mathrm{e}^{-\mathrm{i}\omega t}\,\mathrm{d}\omega \end{cases} \tag{5-3}$$

采用式(5-3)对式(5-2)进行 Fourier 正变换，可得：

$$\begin{cases}\begin{bmatrix}\lambda+2\mu+\alpha^2M-\rho\omega^2\tau^2-\mathrm{i}\omega\delta\tau^2 & \alpha M-\rho_f\omega^2\tau^2\\ \alpha M & M\end{bmatrix}\begin{bmatrix}\nabla^2\tilde{\varphi}_s\\ \nabla^2\tilde{\varphi}_f\end{bmatrix}-\\ \begin{bmatrix}-(\rho\omega^2+\mathrm{i}\omega\delta) & -\rho_f\omega^2\\ -\rho_f\omega^2 & -m\omega^2-\mathrm{i}\omega b\end{bmatrix}\begin{bmatrix}\tilde{\varphi}_s\\ \tilde{\varphi}_f\end{bmatrix}=0\\ \begin{bmatrix}\mu-\rho\omega^2\tau^2-\mathrm{i}\omega\delta\tau^2 & -\rho_f\omega^2\tau^2\\ 0 & 0\end{bmatrix}\begin{bmatrix}\nabla^2\tilde{\boldsymbol{\psi}}_s\\ \nabla^2\tilde{\boldsymbol{\psi}}_f\end{bmatrix}-\\ \begin{bmatrix}-(\rho\omega^2+\mathrm{i}\omega\delta) & -\rho_f\omega^2\\ -\rho_f\omega^2 & -(m\omega^2+\mathrm{i}\omega b)\end{bmatrix}\begin{bmatrix}\tilde{\boldsymbol{\psi}}_s\\ \tilde{\boldsymbol{\psi}}_f\end{bmatrix}=0\end{cases} \tag{5-4}$$

由此可得：

$$\begin{cases}\nabla^2\tilde{\varphi}_{s1}+k_1^2\tilde{\varphi}_{s1}=0\\ \nabla^2\tilde{\varphi}_{s2}+k_2^2\tilde{\varphi}_{s2}=0\\ \nabla^2\tilde{\boldsymbol{\psi}}_s+k_3^2\tilde{\boldsymbol{\psi}}_s=0\end{cases} \tag{5-5}$$

其中：

$$k_j^2=\frac{\lambda_1\pm\sqrt{\lambda_1^2-4\lambda_2}}{2},k_3^2=\frac{\beta_4^2-\beta_3\beta_7}{\beta_7\beta_8-\beta_4\beta_9}$$

$$\lambda_1=\frac{-\beta_1\beta_7-\beta_3\beta_6+\beta_2\beta_4+\beta_4\beta_5}{\beta_1\beta_6-\beta_2\beta_5},\lambda_2=\frac{\beta_3\beta_7-\beta_4^2}{\beta_1\beta_6-\beta_2\beta_5}$$

$$\beta_1=(\lambda+\alpha^2M+2\mu-\rho\omega^2\tau^2-\mathrm{i}\omega\delta\tau^2),\beta_2=\alpha M-\rho_f\omega^2\tau^2$$

$$\beta_3=-(\rho\omega^2+\mathrm{i}\omega\delta),\beta_4=-\rho_f\omega^2$$

$$\beta_5=\alpha M,\beta_6=M,\beta_7=-(m\omega^2+\mathrm{i}\omega b)$$

$$\beta_8=\mu-\rho\omega^2\tau^2-\mathrm{i}\omega\delta\tau^2,\beta_9=-\rho_f\omega^2\tau^2$$

式(5-5)为坐标(x,z)的偏微分方程，无法直接求解。为了得到势函数的解析解，引入对坐标 x 的 Fourier 变换对：

$$\begin{cases}\hat{\tilde{f}}(k,z,\omega)=\int_{-\infty}^{+\infty}\tilde{f}(x,z,\omega)\mathrm{e}^{-\mathrm{i}kx}\mathrm{d}x\\ \tilde{f}(x,z,\omega)=\frac{1}{2\pi}\int_{-\infty}^{+\infty}\hat{\tilde{f}}(x,z,\omega)\mathrm{e}^{\mathrm{i}kx}\mathrm{d}k\end{cases} \tag{5-6}$$

采用式(5-6)对式(5-5)进行 Fourier 变换，可得：

$$\begin{cases}\dfrac{\mathrm{d}^2\hat{\tilde{\varphi}}_{s1}}{\mathrm{d}z^2}-(k^2-k_1^2)\hat{\tilde{\varphi}}_{s1}=0\\ \dfrac{\mathrm{d}^2\hat{\tilde{\varphi}}_{s2}}{\mathrm{d}z^2}-(k^2-k_2^2)\hat{\tilde{\varphi}}_{s2}=0\\ \dfrac{\mathrm{d}^2\hat{\tilde{\boldsymbol{\psi}}}_{s}}{\mathrm{d}z^2}-(k^2-k_3^2)\hat{\tilde{\boldsymbol{\psi}}}_{s}=0\end{cases}\tag{5-7}$$

令：$r_1^2=k^2-k_1^2, r_2^2=k^2-k_2^2, s^2=k^2-k_3^2$，可得：

$$\begin{cases}\dfrac{\mathrm{d}^2\hat{\tilde{\varphi}}_{s1}}{\mathrm{d}z^2}-r_1^2\hat{\tilde{\varphi}}_{s1}=0\\ \dfrac{\mathrm{d}^2\hat{\tilde{\varphi}}_{s2}}{\mathrm{d}z^2}-r_2^2\hat{\tilde{\varphi}}_{s2}=0\\ \dfrac{\mathrm{d}^2\hat{\tilde{\boldsymbol{\psi}}}_{s}}{\mathrm{d}z^2}-s^2\hat{\tilde{\boldsymbol{\psi}}}_{s}=0\end{cases}\tag{5-8}$$

上述方程均是标准形式的波动方程，可直接写出其解的形式为：

$$\begin{cases}\hat{\tilde{\varphi}}_{s1}(k,z,\omega)=A_1\mathrm{e}^{r_1z}+A_2\mathrm{e}^{-r_1z}\\ \hat{\tilde{\varphi}}_{s2}(k,z,\omega)=B_1\mathrm{e}^{r_2z}+B_2\mathrm{e}^{-r_2z}\\ \hat{\tilde{\boldsymbol{\psi}}}_{s}(k,z,\omega)=C_1\mathrm{e}^{sz}+C_2\mathrm{e}^{-sz}\end{cases}\tag{5-9}$$

式中，$\hat{\tilde{\varphi}}_{s1}$、$\hat{\tilde{\varphi}}_{s2}$ 和 $\hat{\tilde{\varphi}}_{s}$ 分别为土骨架中快波及慢波势函数；A_1、A_2、B_1、B_2、C_1、C_2 均为常量待定系数，可由特定的边界条件求出。

由式(5-4)可知，流体中势函数与土骨架中势函数相差一个比值，由此可得流体中势函数为：

$$\begin{cases}\hat{\tilde{\varphi}}_{f}(k,z,\omega)=\xi_1\hat{\tilde{\varphi}}_{s1}(k,z,\omega)+\xi_2\hat{\tilde{\varphi}}_{s2}(k,z,\omega)\\ \hat{\tilde{\boldsymbol{\psi}}}_{f}(k,z,\omega)=\xi_3\hat{\tilde{\boldsymbol{\psi}}}_{s}(k,z,\omega)\end{cases}\tag{5-10}$$

式中，ξ_1、ξ_2 和 ξ_3 为比值系数。其表达式为：

$$\xi_j=\frac{\beta_2\beta_4-\beta_3\beta_6+(\beta_5\beta_2-\beta_1\beta_6)k_j^2}{\beta_4\beta_6-\beta_2\beta_7}, j=1,2$$

$$\xi_3=-\beta_4/\beta_7$$

5.2.2 饱和土中应力与位移关系式

由第 2 章可知，非局部应力[5]的近似表达式为 $\sigma_{ij}=\sigma_{ij}^{\mathrm{L}}+\tau^2\nabla^2\sigma_{ij}^{\mathrm{L}}$，将局部应力 σ_{ij}^{L} 的表达式代入上式可得：

$$\sigma_{ij}=(1+\tau^2\nabla^2)[2\mu\varepsilon_{ij}+\delta_{ij}(\lambda_c\varepsilon-\alpha M\xi)]\tag{5-11}$$

由此可以得到直角坐标系下，饱和土中位移、应力与势函数关系为：

$$
\begin{cases}
u_x = \dfrac{\partial \varphi}{\partial x} + \dfrac{\partial \boldsymbol{\Psi}}{\partial z}, u_z = \dfrac{\partial \varphi}{\partial z} - \dfrac{\partial \boldsymbol{\Psi}}{\partial x} \\
w_x = \dfrac{\partial \chi}{\partial x} + \dfrac{\partial \varphi}{\partial z}, w_z = \dfrac{\partial \chi}{\partial z} - \dfrac{\partial \varphi}{\partial x} \\
\sigma_{zz} = (1 + \tau^2 \nabla^2)\left[2\mu\left(\dfrac{\partial^2 \varphi}{\partial z^2} - \dfrac{\partial^2 \boldsymbol{\Psi}}{\partial x \partial z}\right) + \lambda\left(\dfrac{\partial^2 \varphi}{\partial x^2} + \dfrac{\partial^2 \psi}{\partial z^2}\right) - \alpha P_{\mathrm{f}}\right] \\
\sigma_{xz} = (1 + \tau^2 \nabla^2)\mu\left(2\dfrac{\partial^2 \varphi}{\partial x \partial z} + \dfrac{\partial^2 \psi}{\partial z^2} - \dfrac{\partial^2 \boldsymbol{\Psi}}{\partial x^2}\right) \\
P_{\mathrm{f}} = -\alpha M\left(\dfrac{\partial^2 \varphi}{\partial x^2} + \dfrac{\partial^2 \varphi}{\partial z^2}\right) - M\left(\dfrac{\partial^2 \chi}{\partial x^2} + \dfrac{\partial^2 \chi}{\partial z^2}\right)
\end{cases}
\tag{5-12}
$$

式中，u_x、u_z 分别为土骨架水平及竖向位移；w_x、w_z 分别为流体相对土骨架的水平及竖向位移；σ_{zz}、σ_{xz} 及 P_{f} 分别为竖向应力、切向应力及孔隙水压力；χ、φ 分别为流体中称量及矢量势函数。

5.2.3　边界条件及待定系数求解

该问题所对应的边界条件为：

（1）地基表面为透水边界

$$
P_{\mathrm{f}}(x, 0, t) = 0 \tag{5-13}
$$

（2）地基表面应力边界

$$
\begin{cases}
\sigma_{zz}(x, 0, t) = P(t)\delta(x - vt) \\
\sigma_{xz}(x, 0, t) = 0
\end{cases}
\tag{5-14}
$$

式中，$\delta(\cdot)$为狄拉克函数。

对式(5-12)至式(5-14)进行二次 Fourier 变换，可得：

$$
\begin{cases}
\hat{\tilde{u}}_x = \mathrm{i}k\,\hat{\tilde{\varphi}} + \dfrac{\partial \hat{\tilde{\boldsymbol{\Psi}}}}{\partial z}, \hat{\tilde{u}}_z = \dfrac{\hat{\tilde{\partial}}}{\partial z} - \mathrm{i}k\,\hat{\tilde{\boldsymbol{\Psi}}} \\
\hat{\tilde{w}}_x = \mathrm{i}k\,\hat{\tilde{\chi}} + \dfrac{\partial \hat{\tilde{\phi}}}{\partial z}, \hat{\tilde{w}}_z = \dfrac{\partial \hat{\tilde{\chi}}}{\partial z} - \mathrm{i}k\,\hat{\tilde{\varphi}} \\
\hat{\tilde{\sigma}}_{zz}^{\mathrm{L}} = 2\mu\left(\dfrac{\partial^2 \hat{\tilde{\varphi}}}{\partial z^2} - \mathrm{i}k\dfrac{\partial \hat{\tilde{\boldsymbol{\Psi}}}}{\partial z}\right) + \lambda\left(-k^2\hat{\tilde{\varphi}} + \dfrac{\partial^2 \hat{\tilde{\boldsymbol{\Psi}}}}{\partial z^2}\right) - \alpha \hat{\tilde{P}}_{\mathrm{f}} \\
\hat{\tilde{\sigma}}_{xz}^{\mathrm{L}} = \mu\left(2\mathrm{i}k\dfrac{\partial \hat{\tilde{\varphi}}}{\partial z} + \dfrac{\partial^2 \hat{\tilde{\boldsymbol{\Psi}}}}{\partial z^2} + k^2 \hat{\tilde{\boldsymbol{\Psi}}}\right) \\
\sigma_{zz} = (1 - \tau^2 k^2)\hat{\tilde{\sigma}}_{zz}^{\mathrm{L}} + \tau^2\dfrac{\partial^2 \hat{\tilde{\sigma}}_{zz}^{\mathrm{L}}}{\partial z^2}, \sigma_{xz} = (1 - \tau^2 k^2)\hat{\tilde{\sigma}}_{xz}^{\mathrm{L}} + \tau^2\dfrac{\partial^2 \hat{\tilde{\sigma}}_{xz}^{\mathrm{L}}}{\partial z^2} \\
\hat{\tilde{P}}_{\mathrm{f}} = -\alpha M\left(-k^2\hat{\tilde{\varphi}} + \dfrac{\partial^2 \hat{\tilde{\varphi}}}{\partial z^2}\right) - M\left(-k^2\hat{\tilde{\chi}} + \dfrac{\partial^2 \hat{\tilde{\chi}}}{\partial z^2}\right)
\end{cases}
\tag{5-15}
$$

$$\begin{cases}\hat{\tilde{P}}_{\mathrm{f}}(k,0,\omega)=0\\\hat{\tilde{\sigma}}_{zz}(k,0,\omega)=2\pi\hat{\tilde{P}}(\omega)\delta(\omega-kv)\\\hat{\tilde{\sigma}}_{xz}(k,0,\omega)=0\end{cases}\tag{5-16}$$

将式(5-9)及式(5-10)代入式(5-15)，并结合式(5-16)即可求得所有待定系数，从而求出地基的位移($\hat{\tilde{u}}_x$ 和$\hat{\tilde{u}}_z$)，孔压($\hat{\tilde{P}}_{\mathrm{f}}$)响应，最后对求出的位移及孔压进行二次 Fourier 逆变换，可得：

$$\begin{cases}u(x,z,t)=\dfrac{1}{4\pi^2}\displaystyle\int_{-\infty}^{+\infty}\int_{-\infty}^{+\infty}\{\hat{\tilde{u}}_x(k,z,\omega),\hat{\tilde{u}}_z(k,z,\omega)\}\mathrm{e}^{-\mathrm{i}(\omega t-kx)}\mathrm{d}k\mathrm{d}\omega\\P(x,z,t)=\dfrac{1}{4\pi^2}\displaystyle\int_{-\infty}^{+\infty}\int_{-\infty}^{+\infty}\hat{\tilde{P}}(k,z,\omega)\mathrm{e}^{-\mathrm{i}(\omega t-kx)}\mathrm{d}k\mathrm{d}\omega\end{cases}\tag{5-17}$$

5.2.4 计算结果与分析

5.2.4.1 模型验证

为了验证本书模型的正确性，将本书计算的解退化至经典 Biot 理论[6-7]解(将非局部参数取为 0)，并将计算结果与徐斌等[8]的计算结果比较。此处的计算参数为：$\mu=3.0\times10^9\ \mathrm{N/m^2}$，$\lambda=1.0\times10^9\ \mathrm{N/m^2}$，$\rho_{\mathrm{f}}=1.0\times10^3\ \mathrm{kg/m^3}$，$n_0=0.3$，$\alpha=0.95$，$M=5.0\times10^9\mathrm{N/m^2}$。为了与徐斌等[8]的计算结果保持一致，对竖向位移进行无量纲化，即 $u_z^*=\mu\alpha_{\mathrm{R}}u_z/P_0$，则无量纲孔隙水压力 $p_{\mathrm{f}}^*=p_{\mathrm{f}}\alpha_{\mathrm{R}}^2/P_0$；并且计算了 $v=0.1v_{\mathrm{sh}}$和 $v=0.9v_{\mathrm{sh}}$情况下，位于点 $x=0$ m 和 $z=1.0$ m 处的竖向位移和孔压变化情况，其中 $v_{\mathrm{sh}}=\sqrt{\mu/\rho}$为饱和土中剪切波波速。由图 5-2 可以看出，本书理论计算结果与徐斌等[8]的计算结果吻合得很好，说明本书计算模型的正确性。

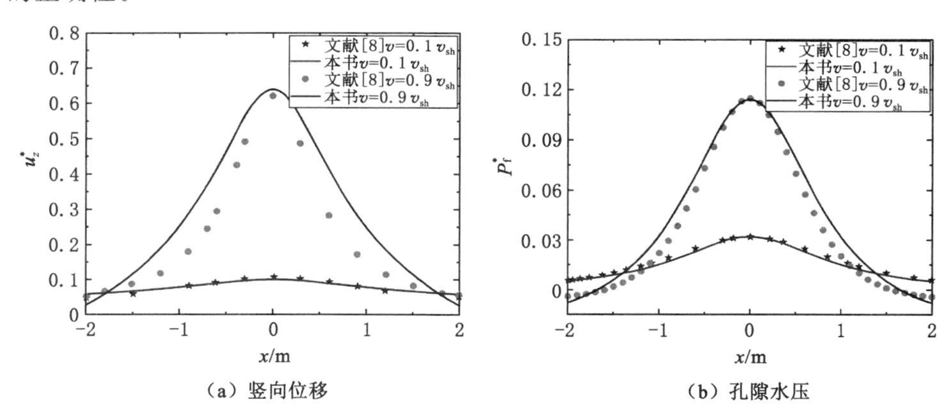

图 5-2 本书结果与徐斌等[8]的结果对比曲线

5.2.4.2 频域-波数域内的位移响应

为了进一步研究非局部参数对移动点荷载作用下饱和土地基的动力响应问题，选取饱和土参数见表5-1，点荷载大小为 $P(t)=400$ kN/m。

表 5-1 饱和土计算参数

参数	符号	数值	单位
土颗粒密度	ρ_s	2 641	kg/m^3
流体密度	ρ_f	1 000	kg/m^3
孔隙率	n_0	0.4	
泊松比	ν	0.35	
拉梅常数	λ	748.12	MPa
	μ	0.2×10^8	Pa
渗透系数	κ	1×10^{-10}	m^{-2}
阻尼系数	δ_r	0.1	

图5-3为 $t=0$ 时波数域内不同荷载移动速度下竖向位移随波数 k 的变化曲线。显然，在荷载移动速度为 20 m/s 和 50 m/s 的情况下，即使波数高达 120 rad/m，非局部参数从 0 增大到 0.01 m 时，变化也很小。然而，随荷载移动速度增大到 100 m/s，甚至 120 m/s 时，非局部参数的影响显著。因此，当荷载移动速度增大，非局部参数的影响也变得越来越重要。当荷载移动速度较低时，随着波数的增加，变换域内的竖向位移急剧减小，这表明频域-波数域内的竖向位移主要取决于低波数范围内的竖向位移，即在低速移动荷载作用下，产生的波动主要集中在低频范围内。然而，当荷载移动速度较高时，土体中激振波的频率分布逐渐向高频范围移动。由式(5-5)中的系数 β_1 和 β_2 可知，在高频情况下，非局部参数 τ 对土骨架及流体中的势函数会产生直接的影响，从而进一步影响地基竖向位移。此外，$\tau=0.01$ m 时出现两个峰值，而在 $\tau=0$ m 及 $\tau=0.005$ m 时没有出现峰值。由此可见，随着非局部参数的增大，“共振”频率减小，导致临界荷载移动速度减小。这是由于随着非局部参数的增加，等效模量 β_1 和 β_2 减小，即相对经典 Biot 理论模型而言，土体的模量发生了软化效应，从而导致“共振”频率减小。

图5-4与竖向位移类似，当荷载速度较低时，非局部参数对水平位移几乎无影响；然而，当荷载移动速度达到 100 m/s 时，非局部参数对位移有显著的影响，且当非局部参数 $\tau=0.01$ m时，波动曲线出现两个响应峰值，此现象与图5-3一致。

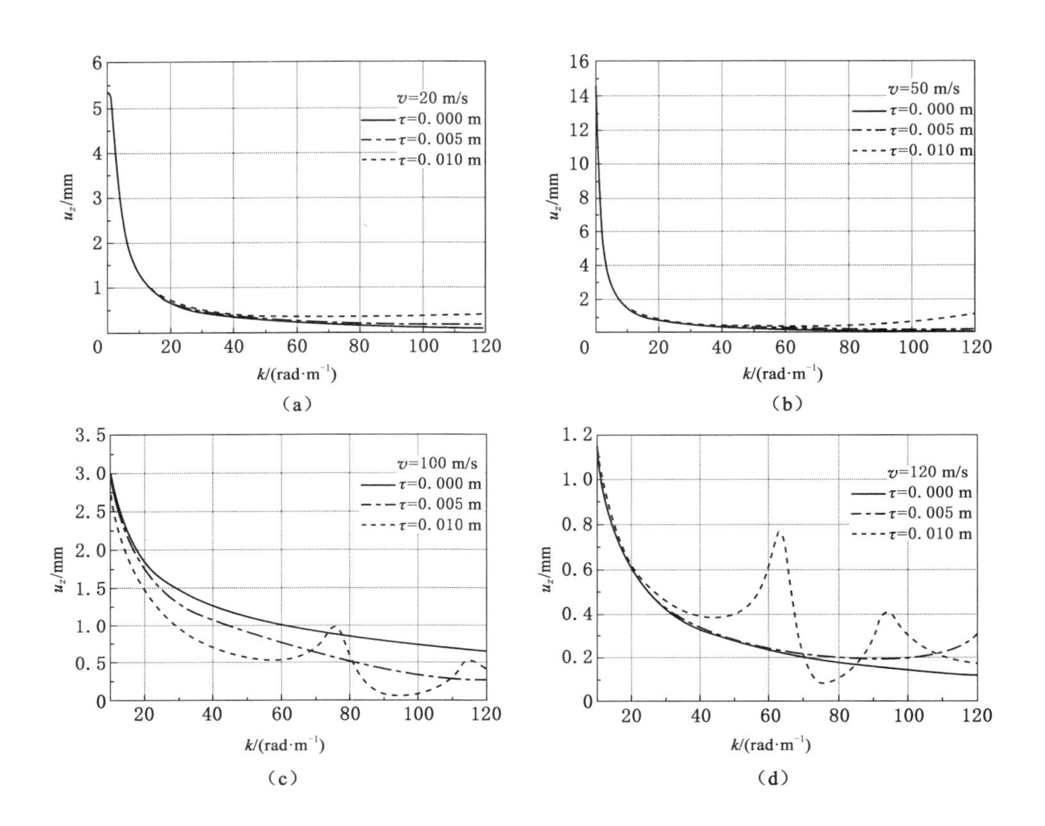

图 5-3　不同荷载移动速度下竖向位移随波数的变化曲线($t=0$ s)

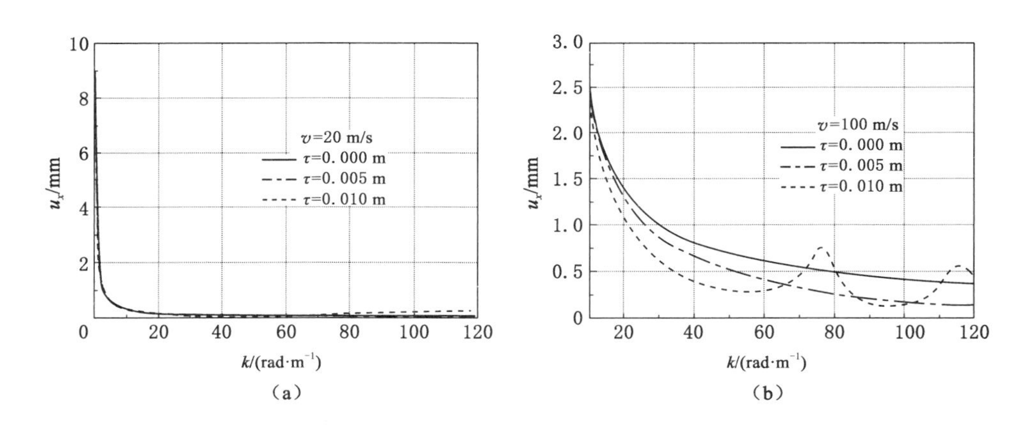

图 5-4　不同荷载移动速度下水平位移随波数的变化曲线($t=0$ s)

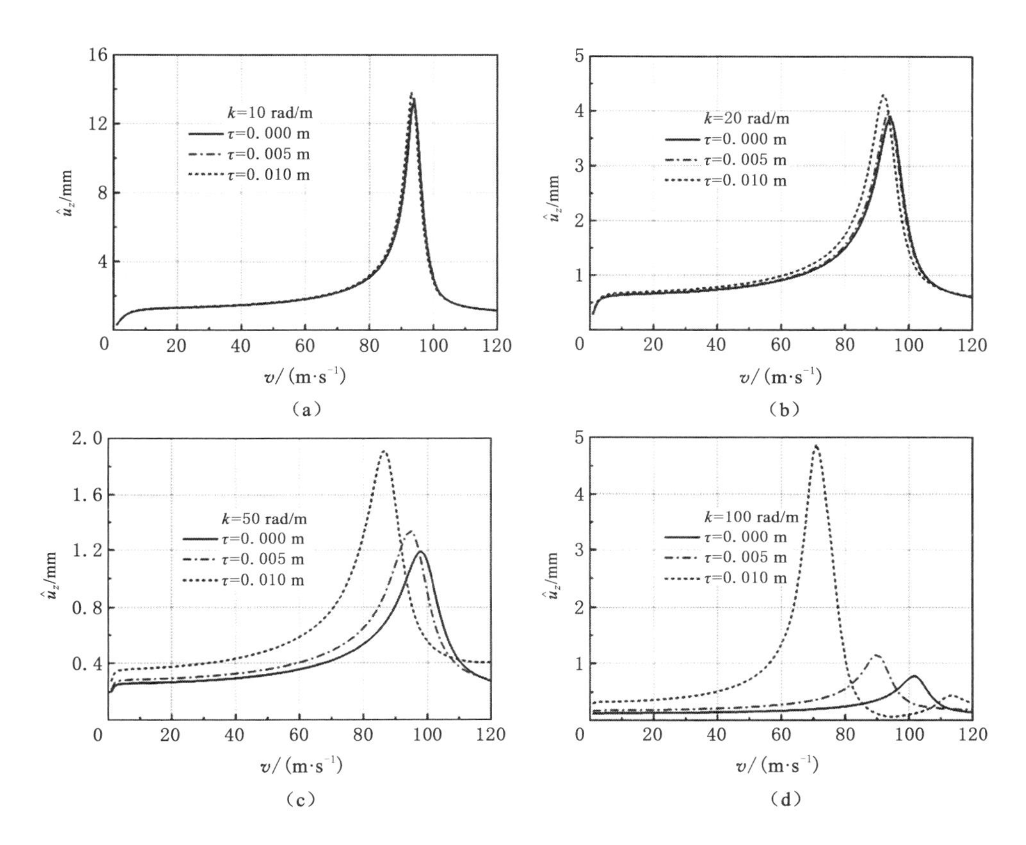

图 5-5　不同波数下竖向位移随荷载移动速度的变化曲线

研究表明，荷载移动速度对路基动态响应具有重要影响。为了进一步研究荷载移动速度对位移场的影响，图 5-5 给出了特定波数下竖向位移响应随荷载移动速度的变化曲线。如图 5-5(a)和图 5-5(b)所示，在波数较小时，非局部参数对竖向位移的影响几乎可以忽略；然而，随着波数不断增大，如图 5-5(c)和图 5-5(d)所示，峰值左移，即对于较大的非局部参数，峰值出现时所对应的荷载移动速度较低。如前所述，以上现象归因于非局部参数的增大所造成的软化效应。显然，当考虑施加荷载的自振时，临界移动速度将进一步向左移动。由图 5-5还可以看出，对于给定的波数，非局部参数越大，其对应的响应峰值也越大；同时，频率较低时，对应的位移幅值较大，而非局部参数越大，其峰值对应的荷载移动速度越低，说明峰值出现时移动荷载，产生的波的频率较低，对应的位移幅值较大。

为了研究荷载移动速度对水平位移的影响，选取了 $k=20$ rad/m 和 $k=$

50 rad/m两种情况进行研究，如图 5-6 所示。与竖向位移变化曲线相似，随着非局部参数的增大，水平位移变化曲线的响应峰值也向左移动。水平位移相对于竖向位移的区别在于，当非局部参数越大时，其对应的峰值越小。这是由于非局部参数的增大意味着孔径的增大，在仅施加竖向荷载时，导致泊松比减小，因此水平位移减小。

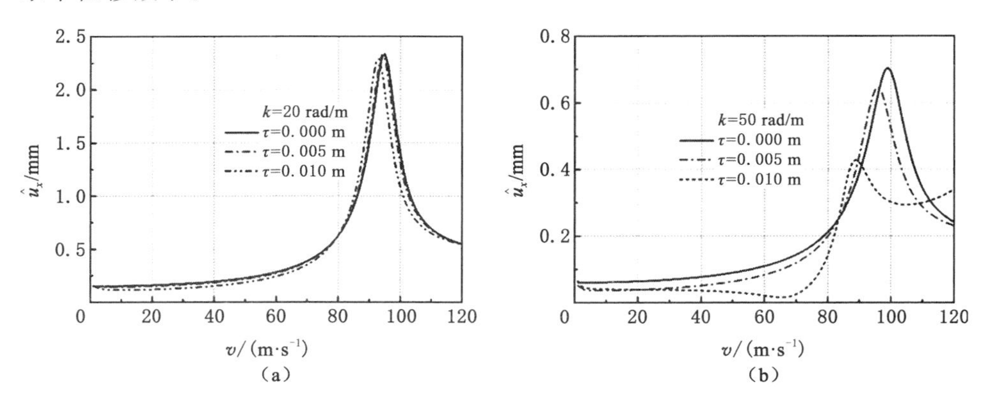

图 5-6　不同波数下水平位移随荷载移动速度v的变化曲线(t=0 s)

5.2.4.3　时域和空间域内的位移响应

对于不同的非局部参数(τ=0 m，τ=0.005 m 及 τ=0.01 m)，在 400 kN/m 的恒定移动荷载作用下，地表的竖向位移时程曲线如图 5-7 所示。这里，我们选取了 v=20 m/s和 v=80 m/s 两个典型移动速度进行研究。如图 5-7(a)所示，当荷载移动速度为 v=20 m/s 时，系统表现为准静态响应，此时响应集中在荷载作用点附近。当荷载移动速度为 v=80 m/s 时，如图 5-7(b)所示，能够观察到明显的波动现

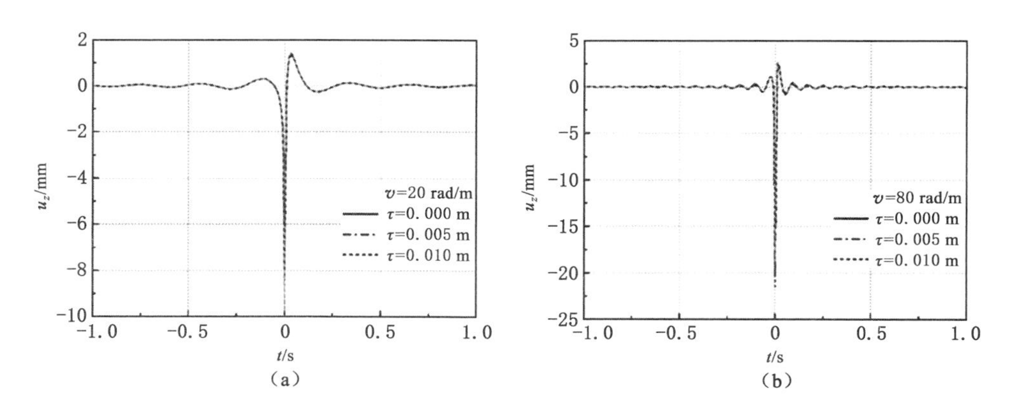

图 5-7　不同荷载移动速度下非局部参数对时域内位移响应的影响

象。显然，当荷载移动速度超过波的行进速度(即表面波速度)时，此时能量不能及时消散，从而造成剧烈振动，很可能引发严重事故。此外，由图 5-7 可以看出，非局部参数对系统性能的影响不大，而对荷载作用点的位移幅值影响很大。

为了进一步研究非局部参数对位移响应的影响，仍然选取荷载移动速度为 v=20 m/s 和 v=80 m/s。从图 5-8 中可以观察到，非局部参数对竖向位移和水平位移均有重要影响。如图 5-8(a)和图 5-8(c)所示，当荷载移动速度为 20 m/s 时，位移响应随非局部参数的增大而增大，与图 5-3 现象一致，这是由于非局部参数的增大使得土体的等效模量降低而造成的软化效应。然而，当荷载移动速度为 80 m/s 时，非局部参数超过一定值(竖向位移对应 0.007 3 m 和水平位移对应 0.006 m)时，位移先增加后减小，这是由于当非局部参数增大时，衰减也增大。其衰减的原因是由两个方面造成的：一是动力耗散，二是结构耗散。当荷载移动速度较高时，会产生高频波，由于考虑了阻尼的存在，此时的耗散也越高。此外，Tong 等[4]证明了非局部参数越大，其对应的耗散因子也越大，即随着非局部参数增大，结构耗散变得越来越不可忽略。与软化效应相比，当总耗散对位移

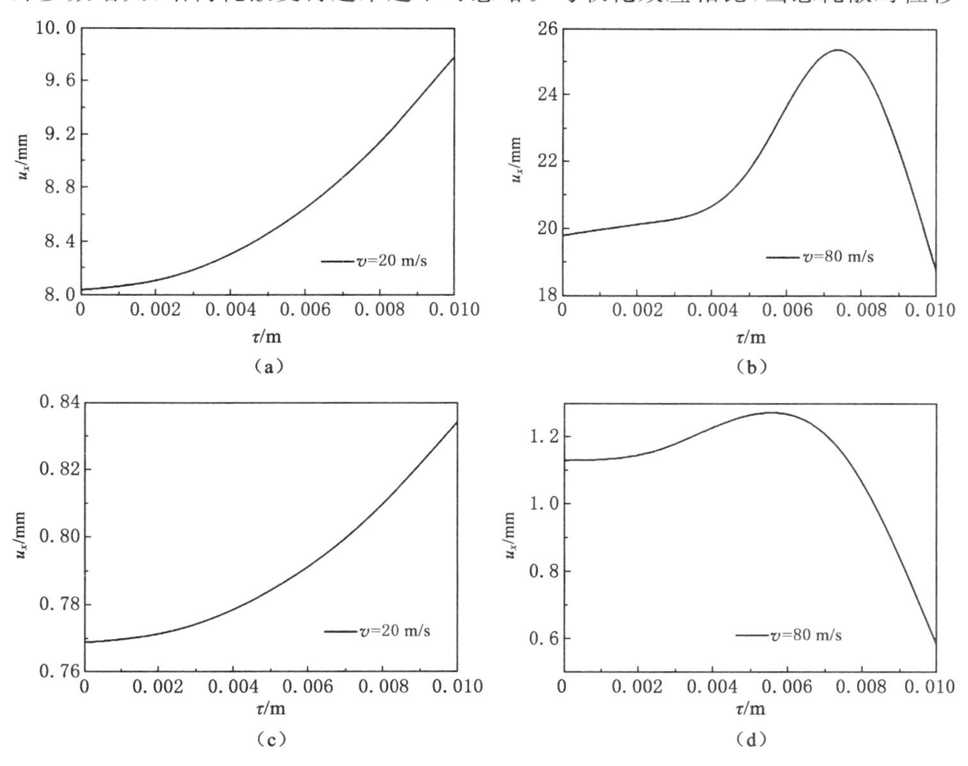

图 5-8　不同荷载移动速度下时域内的竖向位移幅值随非局部参数的变化曲线

响应的影响占主导地位时，位移幅值开始减小。

图 5-9 给出了竖向位移和水平位移随阻尼比的变化曲线，选取的荷载移动速度分别为 $v=20$ m/s 和 $v=80$ m/s。由图可知，不同非局部参数所对应的位移响应均随阻尼比的增大而减小，符合预期结果。然而，在不同荷载移动速度下，位移幅值随非局部参数的变化趋势与图 5-8 所示的一致。

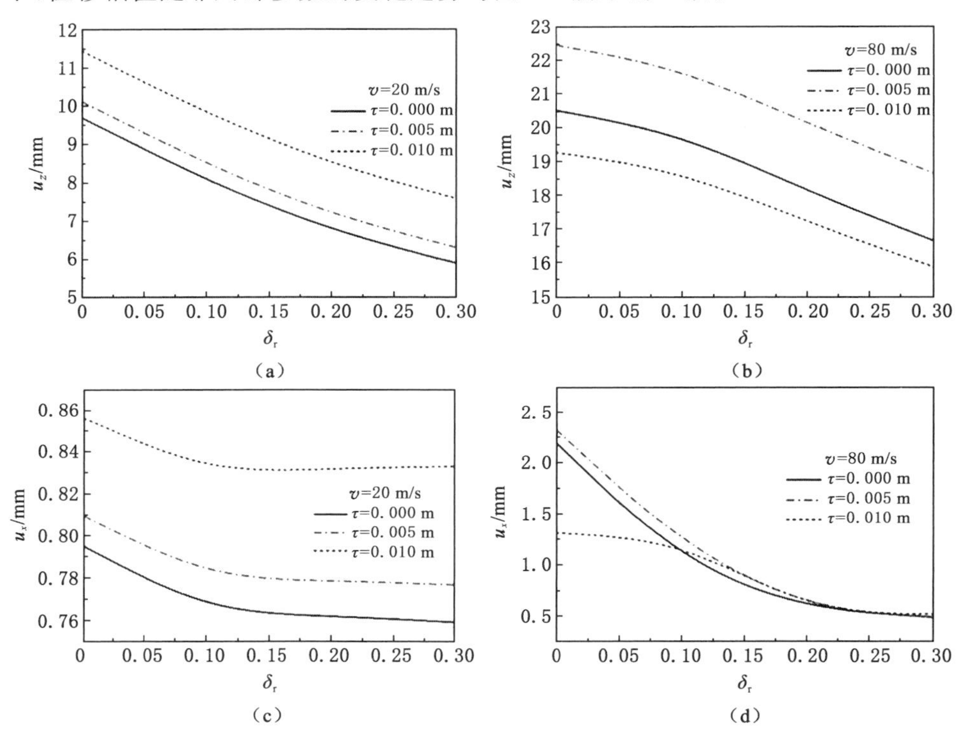

图 5-9 竖向位移和水平位移随阻尼比的变化曲线

5.2.4.4 孔压沿深度方向分布规律

图 5-10 为透水边界条件下，观测点孔压随深度变化曲线。由图可知，当荷载移动速度由 20 m/s 增加到 80 m/s 时，非局部参数对孔压的影响越来越显著。例如，在图 5-10(a)中，不同非局部参数对应的孔压沿深度变化的曲线几乎重合。而在图 5-10(d)中，随着非局部参数的增大，对应的孔压峰值明显增大；此外，随着荷载移动速度增大，孔压峰值也逐渐增大。

如图 5-11 所示，随着渗透系数从 10^{-7} m^{-2}减小到 10^{-10} m^{-2}，孔隙水压逐渐增大。因为饱和土体的渗透系数较大时，所以孔隙水压消散得也较快；此外，孔隙水压随着荷载移动速度的增大而增大。如图 5-11(a)和图 5-11(b)所示，当荷载移动速度为 20 m/s 时，对应的孔压峰值约为 90 kPa；而当荷载移动速度为 80 m/s时，孔压峰值增大到近 650 kPa。

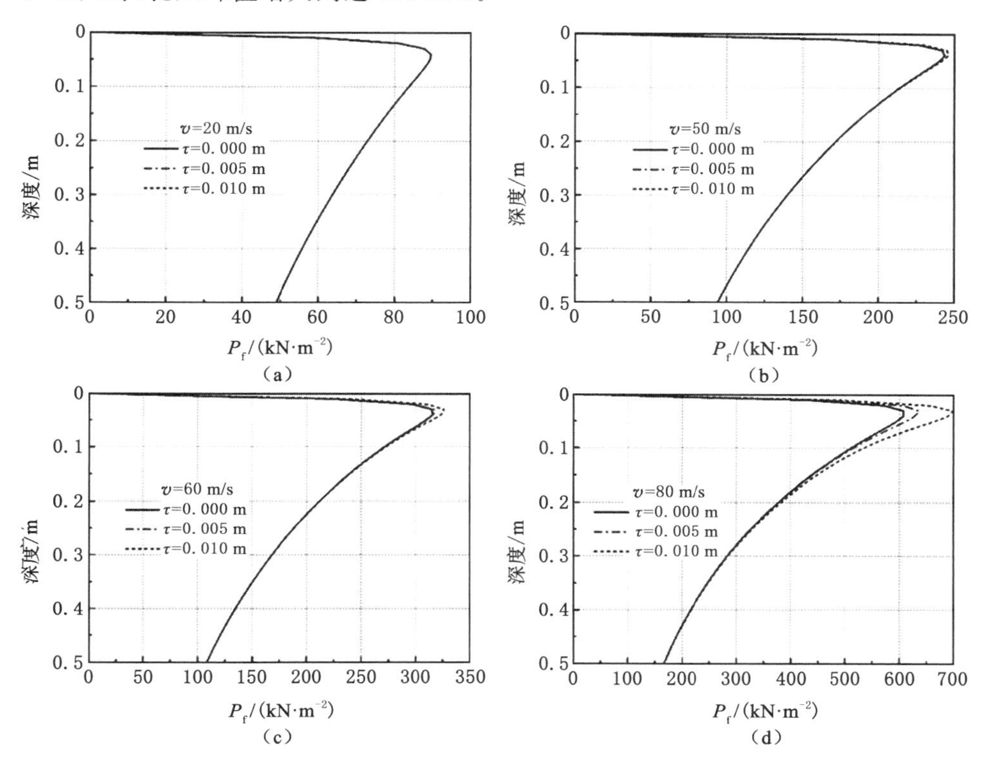

图 5-10　非局部参数对孔隙水压力沿深度分布的影响

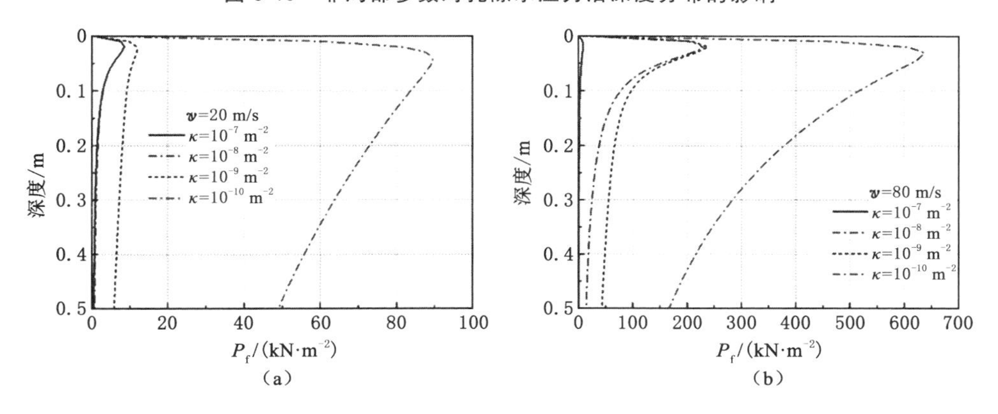

图 5-11　渗透系数对孔隙水压沿深度分布的影响

5.3 矩形移动荷载下饱和土的动力响应

5.3.1 计算模型及求解

矩形荷载作用下饱和土地基动力响应计算模型如图 5-12 所示，饱和土层上表面作用沿 x 轴正方向宽度为 $2l$，大小为 F 的矩形移动荷载，荷载移动速度为 v。假设上述荷载是周期变化的，并将其展开为 Fourier 级数形式，为保证在下一个周期开始之前，之前的波已完全衰减，应该选取一个足够长的“静止区域”，此处选取的静止区长度为 $2L$，如图 5-12 所示。

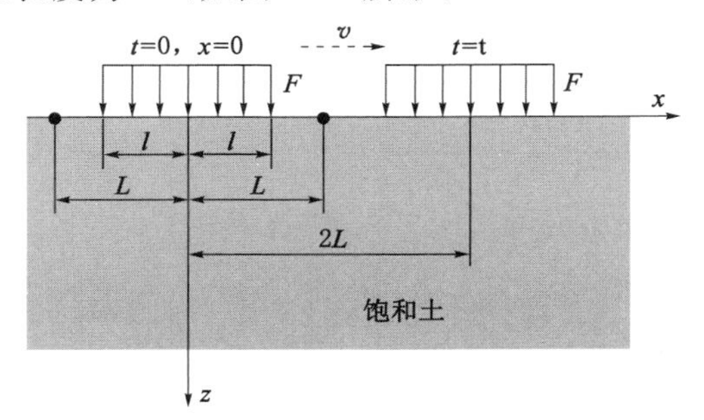

图 5-12 矩形荷载计算示意图

因此，$t=0$ 时刻，可将整个区间的荷载方程写成如下形式：

$$F(x)=\begin{cases}F, |x|<l \\ 0, l<|x|<L\end{cases} \tag{5-18}$$

将上式展开为 Fourier 级数形式，可得：

$$\begin{cases}F(x)=\operatorname{Re}\sum\limits_{n=-\infty}^{\infty}F_n e^{i\lambda_n x}, t=0 \\ F(x-vt)=\operatorname{Re}\sum\limits_{n=-\infty}^{\infty}F_n e^{i\lambda_n(x-vt)}, t>0\end{cases} \tag{5-19}$$

式中，Re 表示取实部的运算。

整个荷载方程（包括静止区域）在区间长度为 $2L$ 上分成 $2N+1$ 个等间距点，每个点间距为 $\Delta_x=0.1$，此处选取 $2N=4\ 096$。因此，式(5-19)可表示为：

$$F(x-vt)=\operatorname{Re}\sum_{n=0}^{2048}F_n e^{i\lambda_n(x-vt)} \tag{5-20}$$

其中：

$$F_n = \begin{cases} \dfrac{l}{L}F, n = 0 \\ 2\dfrac{1}{n\pi}\sin\left(n\pi\dfrac{l}{L}\right)F, n > 0 \end{cases}$$

该类问题的边界条件为：

$$\begin{cases} P_{\mathrm{f}}(x,0,t) = 0 \\ \sigma_{zz}(x,0,t) = F(x - vt) \\ \sigma_{xz}(x,0,t) = 0 \end{cases} \tag{5-21}$$

采用式(5-6)对式(5-21)进行双重 Fourier 变换可得：

$$\begin{cases} \hat{\tilde{P}}_{\mathrm{f}}(k,0,\omega) = 0 \\ \hat{\tilde{\sigma}}_{zz}(k,0,\omega) = \mathrm{Re}\left[\sum\limits_{n=-\infty}^{\infty} F_n\delta(\omega - \lambda_n v)\delta(\lambda_n + k)\right] \\ \hat{\tilde{\sigma}}_{xz}(k,0,\omega) = 0 \end{cases} \tag{5-22}$$

从而可求解出移动矩形荷载下波数-频率内地基的位移及孔压响应，进行二次 Fourier 逆变换，即可得出时域内动力响应解析解。

5.3.2　数值结果与讨论

此处给出不同模态及自振下，饱和土体地表竖向位移及水平位移随荷载移动速度变化曲线。

图 5-13 为 $f=50$ Hz 时模态 n 分别为 1、5、9 时竖向位移随荷载移动速度变化曲线及其前 15 个模态的累加结果。由图可知，低模态下($n=1$)，非局部参数对竖向位移响应的影响极小，此时响应峰值对应的荷载移动速度较低。当模态 $n=5$ 时，响应峰值随着非局部参数的增大而增大，且非局部参数越大，响应峰值出现时对应的荷载移动速度越低，即峰值左移。当模态 $n=9$ 时，随着非局部参数增大，响应峰值增大的幅度越大，峰值左移也越明显，但此时竖向位移响应幅

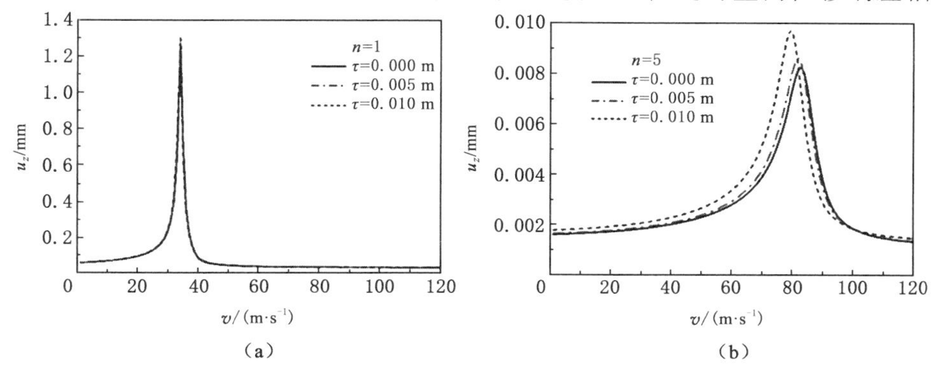

图 5-13　不同模态下竖向位移随荷载移动速度的变化曲线($f=1.50$ Hz)

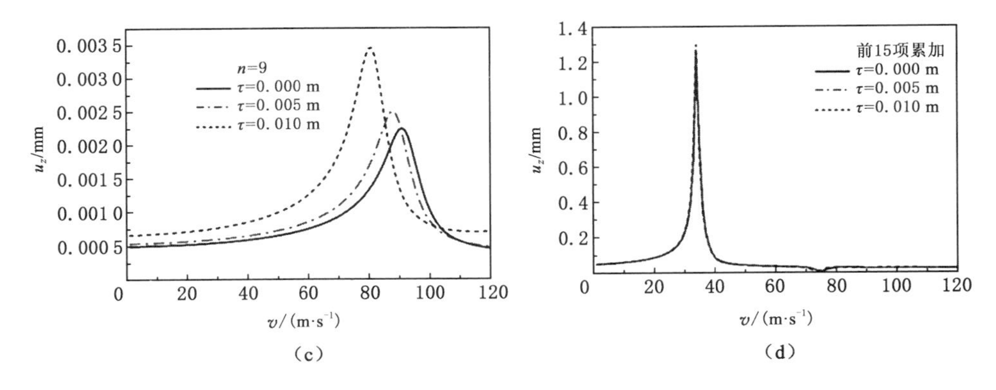

图 5-13(续)

值极小,约为模态 $n=1$ 时竖向位移响应幅值的 0.3%。由此可知,当 $f=50$ Hz 时,竖向位移响应主要取决于低模态($n=1$),故前 15 项累加得到的竖向位移随荷载移动速度的变化曲线与模态 $n=1$ 时的变化曲线基本一致。

图 5-14 为 $f=100$ Hz 时不同模态下水平位移随荷载移动速度的变化曲线。

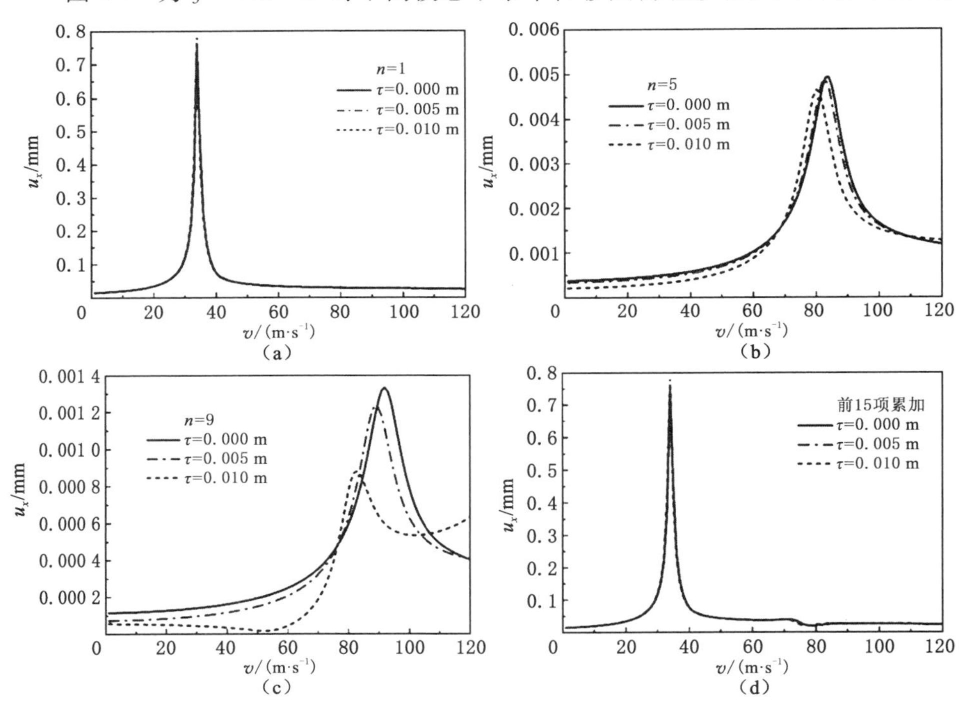

图 5-14 不同模态下水平位移随荷载移动速度的变化曲线($f=100$ Hz)

由图可以看出，该曲线与 $f=50$ Hz 时水平位移随荷载移动速度的变化曲线相似。低模态下，非局部参数对位移响应的影响很小；当模态较高时，非局部参数越大，其位移峰值对应的荷载移动速度越低（即峰值左移），且非局部参数越大，水平位移响应峰值越小。

为了进一步研究荷载自振频率及非局部参数对位移响应的影响，图 5-15 至图 5-18分别给出了荷载移动速度为 20 m/s 和 80 m/s 时不同模态下竖向位移及水平位移随荷载自振频率的变化曲线。由图可知，低模态下（$n=1$），非局部参数对竖向位移响应的影响几乎可以忽略不计。当模态 $n=5$ 和 $n=9$ 时，竖向位移随非局部参数的增大而增大，但此时竖向位移响应幅值极小。如前所述，位移响应主要取决于低模态（$n=1$），故前 15 项累加得到的竖向位移随荷载移动速度的变化曲线与模态 $n=1$ 时的变化曲线基本一致。

对比图 5-15 和图 5-16 可知，当 $v=80$ m/s 时，竖向位移响应峰值对应的荷载自振频率降低，即峰值左移。当模态较高时，非局部参数越大，其竖向位移响应峰值越大，且其峰值对应的荷载自振频率越低。但与低模态（$n=1$）相比，此

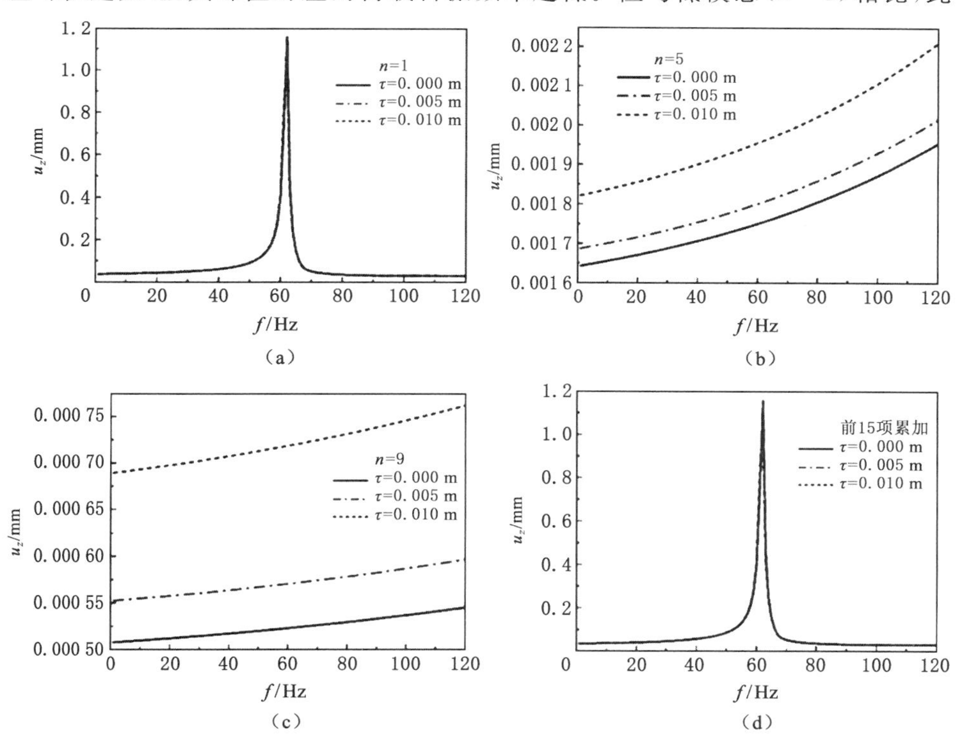

图 5-15　$v=20$ m/s 时不同模态下竖向位移随荷载自振频率的变化曲线

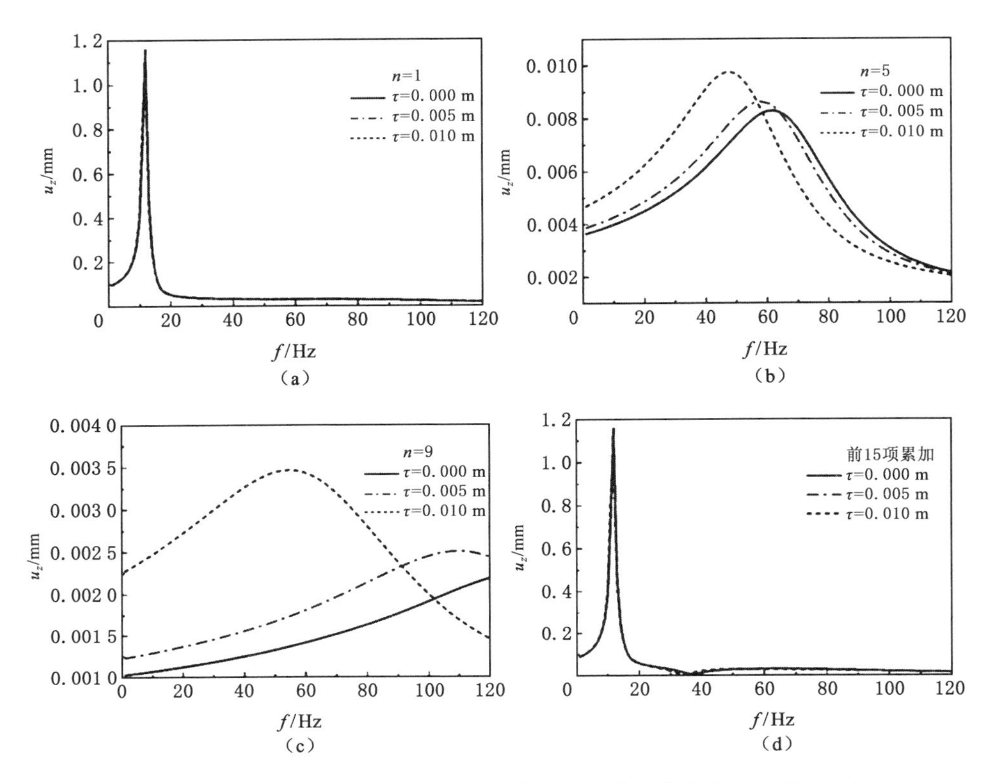

图 5-16　不同模态下竖向位移随荷载自振频率的变化曲线(v=80 m/s)

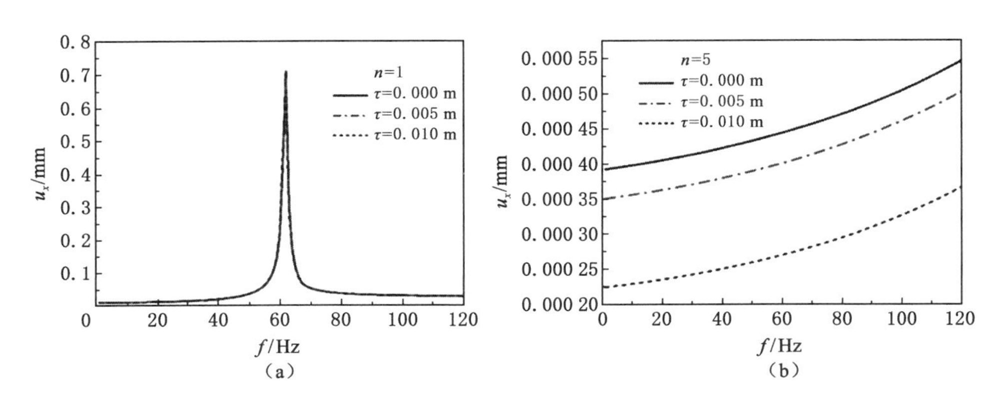

图 5-17　不同模态下水平位移随荷载自振频率的变化曲线(v=20 m/s)

时的竖向位移响应幅值很小，故前 15 项累加得到的竖向位移随荷载自振频率的变化曲线与模态 n=1 时的变化曲线基本一致。

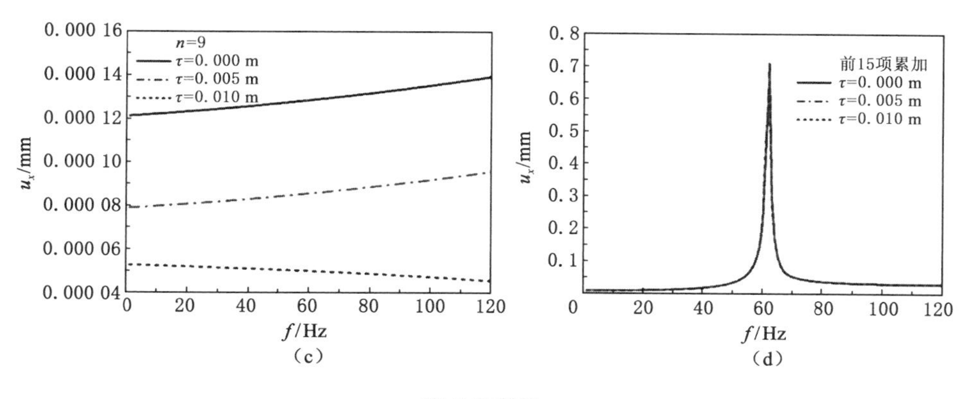

（c）　　　　（d）

图 5-17(续)

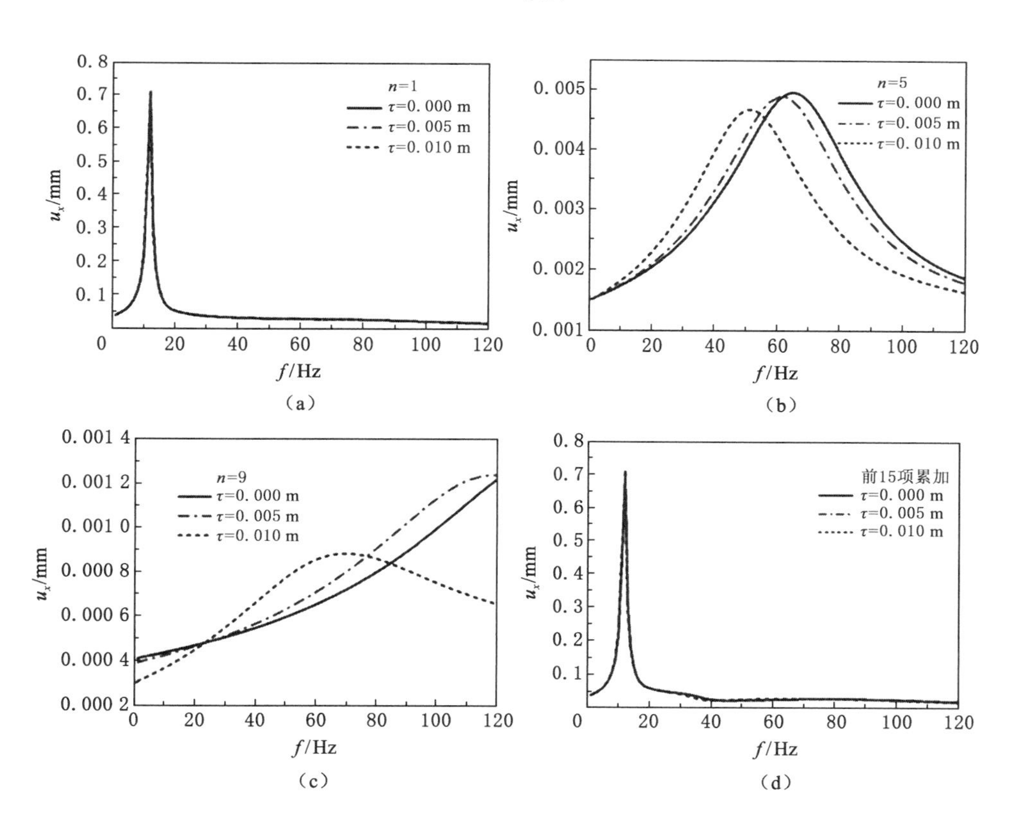

（a）　　　　（b）

（c）　　　　（d）

图 5-18　不同模态下水平位移随荷载自振频率的变化曲线(v=80 m/s)

图 5-17 为 v=20 m/s 时不同模态下水平位移随荷载自振频率的变化曲线。从图 5-17(a)可以看出，在低模态(n=1)下，非局部参数对水平位移响应的影响

极小，这与竖向位移相似；当模态较高时，水平位移响应随非局部参数的增大而减小。

对比图 5-17 及图 5-18 可知，当 $v=80$ m/s 时，水平位移响应峰值对应的荷载自振频率降低，即峰值左移。由图可知，当模态较高时，非局部参数越大，其水平位移响应峰值越小，且其峰值对应的荷载自振频率越低。但与低模态（$n=1$）相比，此时的水平位移响应幅值很小，故前 15 项累加得到的水平位移随荷载自振频率的变化曲线与模态 $n=1$ 时的变化曲线基本一致。

5.4 环形移动荷载下饱和土的动力响应

本节基于非局部孔隙介质理论，建立了移动环形荷载作用下饱和土体的动力响应模型；通过 Fourier 变换得到频域-波数域内的位移及应力解，再利用双重 Fourier 逆变换得到时域-空间域内的位移及应力解；详细分析了时域-空间域内非局部参数、荷载移动速度和自振频率对位移响应的影响，以及非局部参数对孔压响应的影响。

5.4.1 计算模型及求解

如图 5-19 所示，无限长圆柱形结构埋置于饱和土体中；移动环形荷载 $F(n)$ 沿 z 轴正向移动；路基表面设置为透水边界条件。为了便于计算，采用柱坐标系，考虑轴对称特性，此时的拉普拉斯算子为 $\nabla^2=\dfrac{\partial^2}{\partial r^2}+\dfrac{1}{r}\dfrac{\partial}{\partial r}+\dfrac{\partial^2}{\partial z^2}$。结合式(5-1)及式(5-10)，则极坐标下波数-频域内位移分量表达式为：

$$\begin{cases}\hat{u}_r=\dfrac{\partial\hat{\varphi}_{1a}}{\partial r}+\dfrac{\partial\hat{\varphi}_{1b}}{\partial r}-\dfrac{\partial\hat{\psi}_{1\theta}}{\partial z}\\[2ex]\hat{u}_z=\dfrac{\partial\hat{\varphi}_{1a}}{\partial z}+\dfrac{\partial\hat{\varphi}_{1b}}{\partial z}+\dfrac{1}{r}\dfrac{\partial(r\hat{\psi}_{1\theta})}{\partial r}\\[2ex]\hat{w}_r=\dfrac{\partial\hat{\varphi}_{2}}{\partial r}+\dfrac{1}{r}\dfrac{\partial\hat{\psi}_{2z}}{\partial r}-\dfrac{\partial\hat{\psi}_{2\theta}}{\partial z}\\[2ex]\hat{w}_z=\dfrac{\partial\hat{\varphi}_{2a}}{\partial z}+\dfrac{\partial\hat{\varphi}_{2b}}{\partial z}+\dfrac{1}{r}\dfrac{\partial(r\hat{\psi}_{2\theta})}{\partial r}\end{cases}\tag{5-23}$$

由本构关系可得，频域内应力分量可表示为：

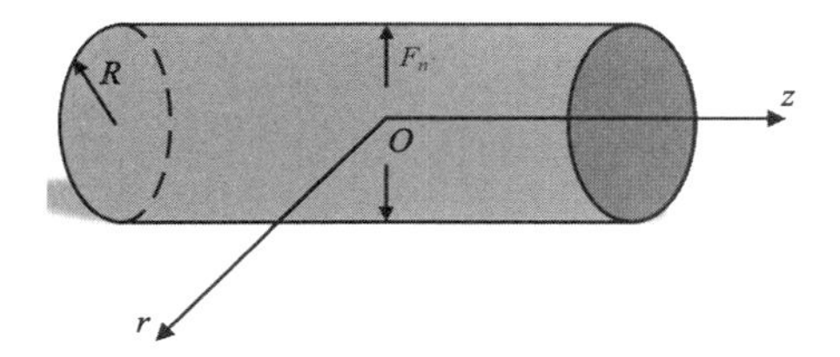

图 5-19　移动环形荷载作用下饱和土体模型

$$
\begin{cases}
\hat{\sigma}_{rr} = 2\mu\left(\dfrac{\partial^2 \hat{\varphi}_{1a}}{\partial r^2} + \dfrac{\partial^2 \hat{\varphi}_{1b}}{\partial r^2} - \dfrac{\partial^2 \hat{\psi}_{1\theta}}{\partial r \partial z}\right) + \lambda_c \nabla^2 \hat{\varphi}_1 + \alpha M \nabla^2 \hat{\varphi}_2 + \\
\qquad 2\mu\tau^2 \nabla^2 \left(\dfrac{\partial^2 \hat{\varphi}_{1a}}{\partial r^2} + \dfrac{\partial^2 \hat{\varphi}_{1b}}{\partial r^2} - \dfrac{\partial^2 \hat{\psi}_{1\theta}}{\partial r \partial z}\right) + \lambda_c \tau^2 \nabla^4 (\hat{\varphi}_{1a} + \hat{\varphi}_{1b}) + \alpha M \nabla^4 (\xi_1 \hat{\varphi}_{1a} + \xi_2 \hat{\varphi}_{1b}) \\
\hat{\sigma}_{rz} = 2\mu\left(\dfrac{\partial^2 \hat{\varphi}_{1a}}{\partial r \partial z} + \dfrac{\partial^2 \hat{\varphi}_{1b}}{\partial r \partial z}\right) + \mu\left(-\dfrac{\hat{\psi}_{1\theta}}{r^2} + \dfrac{1}{r}\dfrac{\partial \hat{\psi}_{1\theta}}{\partial r} + \dfrac{\partial^2 \hat{\psi}_{1\theta}}{\partial r^2} - \dfrac{\partial^2 \hat{\psi}_{1\theta}}{\partial z^2}\right) + \\
\qquad 2\mu\tau^2 \nabla^2 \left(\dfrac{\partial^2 \hat{\varphi}_{1a}}{\partial r \partial z} + \dfrac{\partial^2 \hat{\varphi}_{1b}}{\partial r \partial z}\right) + \mu\tau^2 \nabla^2 \left(-\dfrac{\hat{\psi}_{1\theta}}{r^2} + \dfrac{1}{r}\dfrac{\partial \hat{\psi}_{1\theta}}{\partial r} + \dfrac{\partial^2 \hat{\psi}_{1\theta}}{\partial r^2} - \dfrac{\partial^2 \hat{\psi}_{1\theta}}{\partial z^2}\right) \\
\hat{P}_f = -\alpha M \nabla^2 \hat{\varphi}_1 - M \nabla^2 \hat{\varphi}_2
\end{cases}
\tag{5-24}
$$

对式(5-5)的 z 轴进行 Fourier 变换，并结合式(5-10)，将其写为极坐标下的表达式，即：

$$
r\tilde{\varphi}''_{1a} + \tilde{\varphi}'_{1a} - (k^2 - k_1^2) r\tilde{\varphi}_{1a} = 0
$$

$$
r\tilde{\varphi}''_{1b} + \tilde{\varphi}'_{1b} - (k^2 - k_1^2) r\tilde{\varphi}_{1b} = 0
$$

$$
r^2\tilde{\psi}''_{1\theta} + r\tilde{\psi}'_{1\theta} - [(k^2 - k_s^2) r^2 + 1]\tilde{\psi}_{1\theta} = 0
$$

式中，求导符号表示对 r 求偏导，由上式可求得 $\tilde{\varphi}_{1a}$、$\tilde{\varphi}_{1b}$ 和 $\tilde{\psi}_{1\theta}$ 在波数-频率域内的表达式，式(5-25)为一组标准的 Bessel 微分方程，其解可表示为：

$$
\tilde{\varphi}_{1a} = A_{1a} H_2(\lambda_1 r) + B_{1a} H_1(\lambda_1 r)
$$

$$
\tilde{\varphi}_{1b} = A_{1b} H_2(\lambda_2 r) + B_{1b} H_1(\lambda_2 r)
$$

$$
\tilde{\varphi}_{1\theta} = A_{1\theta} H_2(\lambda_s r) + B_{1\theta} H_1(\lambda_s r)
$$

式中，A_{1a}，A_{1b}，$A_{1\theta}$，B_{1a}，B_{1b} 和 $B_{1\theta}$ 是可由边界条件确定的待定系数，且 $\lambda_1{}^2 = k_1^2 - k^2$，$\lambda_2^2 = k_2^2 - k^2$，$\lambda_s^2 = k_s^2 - k^2$。$H_1(\cdot)$ 和 $H_2(\cdot)$ 分别为第一、二类 Hankel 函数。

结合式(5-24)，并对 z 轴进行 Fourier 变换，可得：

$$\begin{cases}\tilde{u}_r = \tilde{\varphi}'_{1a} + \tilde{\varphi}'_{1b} - \mathrm{i}k\tilde{\psi}'_{1\theta} \\ \tilde{u}_z = ik(\tilde{\varphi}_{1a} + \tilde{\varphi}_{1b}) + \dfrac{1}{r}\tilde{\psi}_{1\theta} + \tilde{\psi}'_{1\theta} \\ \tilde{w}_r = \xi_1\tilde{\varphi}'_{1a} + \xi_2\tilde{\varphi}'_{1b} - \mathrm{i}k\xi_s\tilde{\psi}'_{1\theta} \\ \tilde{w}_z = ik(\xi_1\tilde{\varphi}_{1a} + \xi_2\tilde{\varphi}_{1b}) + \dfrac{1}{r}\xi_s\tilde{\psi}_{1\theta} + \xi_s\tilde{\psi}'_{1\theta}\end{cases} \tag{5-25}$$

式中，$\xi_1=(\beta_1 k_1^2-\beta_2)/\beta_3$，$\xi_2=(\beta_1 k_2^2-\beta_2)/\beta_3$ 及 $\xi_s=\rho_f\omega/(\dfrac{\mathrm{i}\eta}{\kappa-m\omega})$。

将式(5-25)代入经典 Biot 理论的本构方程中，可得：

$$\begin{cases}\tilde{\sigma}_{rr}^{\mathrm{L}} = (\tilde{\varphi}''_{1a} + \tilde{\varphi}''_{1b}) - 2\mu\mathrm{i}k\tilde{\psi}'_{1\theta} - (\lambda_c + \alpha M\xi_1)k_1^2\tilde{\varphi}_{1a} - (\lambda_c + \alpha M\xi_2)k_2^2\tilde{\varphi}_{1b} \\ \tilde{P}_f = (\alpha + \xi_1)Mk_1^2\tilde{\varphi}_{1a} + (\alpha + \xi_2)Mk_2^2\tilde{\varphi}_{1b}\end{cases} \tag{5-26}$$

最终，非局部应力场可由下式计算：

$$\begin{cases}\tilde{\sigma}_{rr} = (1+\tau^2\nabla^2)\tilde{\sigma}_{rr}^{\mathrm{L}} \\ \tilde{\sigma}_{rz} = (1+\tau^2\nabla^2)\tilde{\sigma}_{rz}^{\mathrm{L}}\end{cases} \tag{5-27}$$

5.4.2 边界条件

如图 5-19 所示，圆柱形结构嵌固于孔隙弹性介质中，移动环形荷载作用于结构的内边界，假设圆柱形结构长度方向为无限长，且荷载环形分布于结构内表面，$z=0$ 处荷载幅值为 F_n。假设内边界为渗透边界，则内表面的应力边界条件可写为：

$$\begin{cases}\sigma_{rr}(R,z,t) = -\dfrac{F_n\delta(z-vt)}{2\pi R}\mathrm{e}^{\mathrm{i}\omega_0 t} \\ \sigma_{rz}(R,z,t) = 0 \\ P_f(R,z,t) = 0\end{cases} \tag{5-28}$$

式中，R 为圆柱形结构的半径；$\delta(\cdot)$ 为 Dirac 函数；$\omega_0=2\pi f_0$，其中 f_0 为自振频率；v 为移动荷载速度。

对上式进行双重 Fourier 变换，则可得波数-频率内的边界条件为：

$$\begin{cases}\tilde{\sigma}_{rr}(R,k,\omega) = -\dfrac{F_n}{R}\delta(kv+\omega+\omega_0) \\ \tilde{\sigma}_{rz}(R,k,\omega) = 0 \\ \tilde{P}_f(R,k,\omega) = 0\end{cases} \tag{5-29}$$

5.4.3 计算结果与分析

5.4.3.1 模型验证

为了验证本书解法的正确性，图 5-20 将本书计算结果与 J. F. Lu 等[9]的计算结果进行了对比，选取了相同的饱和土参数：$\mu=0.2\times10^{8}\ \mathrm{N/m^{2}}$，$\lambda=\mu/3$，$\rho_{\mathrm{f}}=1\ 000\ \mathrm{kg/m^{3}}$，$\rho_{\mathrm{s}}=2\ 000\ \mathrm{kg/m^{3}}$，$n_{0}=0.3$，$\eta=5.774\times10^{-10}\ \mathrm{Pa\cdot s}$，$M=1.67\mu$，$\alpha=0.95$，$\kappa=1\times10^{-13}\ \mathrm{m^{-2}}$。为了使模型尽可能的相似，本模型选取的非局部参数为0且不考虑自振。响应观察点取在$r=4.5$ m处，图5-20(a)和图5-20(b)分别给出了荷载移动速度为$0.1\ v_{\mathrm{s}}$和$0.9\ v_{\mathrm{s}}$时的径向位移响应。从图5-20中可以看出，两种解法计算结果趋势一致，证明了本书解法的正确性，位移响应主要集中在荷载作用点附近且几乎呈对称分布。

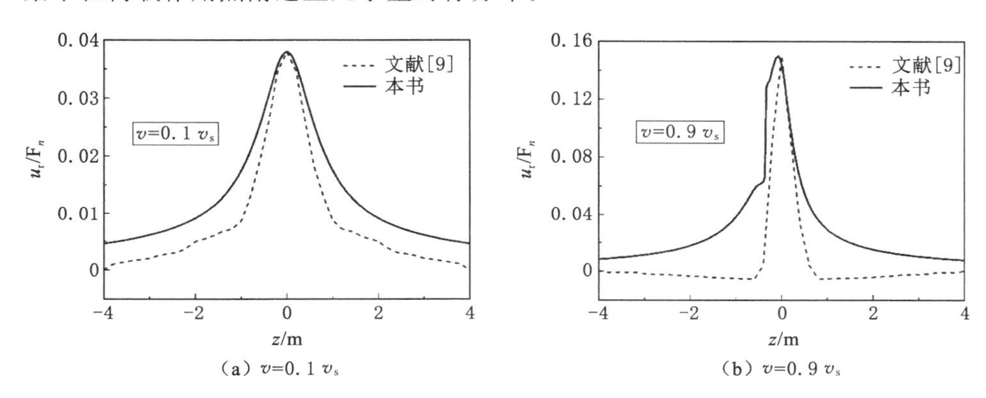

图5-20　不同荷载移动速度下的径向位移响应计算结果对比曲线

（$r=4.5$ m，选取的非局部参数为0 m且不考虑自振）

5.4.3.2　时域和空间域内的动力响应

为了研究非局部参数对移动环形荷载作用下径向位移响应的影响，我们选取的模型参数为：$\mu=0.2\times10^{8}\ \mathrm{N/m^{2}}$，$\nu=0.35$，$\rho_{\mathrm{f}}=1\ 000\ \mathrm{kg/m^{3}}$，$\rho_{\mathrm{s}}=2\ 680\ \mathrm{kg/m^{3}}$，$n_{0}=0.4$，$\eta=0.001\ \mathrm{Pa\cdot s}$，$K_{\mathrm{b}}=60$ MPa，$K_{\mathrm{s}}=36$ GPa，$K_{\mathrm{f}}=2.25$ GPa，$\delta_{\mathrm{r}}=0.1$，$\kappa=1\times10^{-10}\ \mathrm{m^{-2}}$。为了便于研究，选取了三个非局部参数：$\tau=0$ m，$\tau=0.005$ m和$\tau=0.01$ m。图5-21给出了不同荷载移动速度下$r=3$ m处的径向位移沿荷载移动方向的分布曲线。从图中可以看出，非局部参数越大，对应的径向位移响应峰值也越大。荷载移动速度分别为$v=0.1\ v_{\mathrm{s}}$和$v=0.9\ v_{\mathrm{s}}$的情况下，当非局部参数从$\tau=0$ m增大到$\tau=0.01$ m时，径向位移响应峰值分别增大了14.62%和14.92%。

图5-22研究了非局部参数从0 m增大到0.01 m时荷载移动速度对径向位移响应的影响。为了考虑荷载的自振频率对动力响应的影响，如图5-22所示，选取了4个自振频率进行分析。由图5-22可以看出，随着非局部参数增大，土体的等效模量减小。对应的位移响应幅值也越大，这与图5-21的结论一致。非局部参数

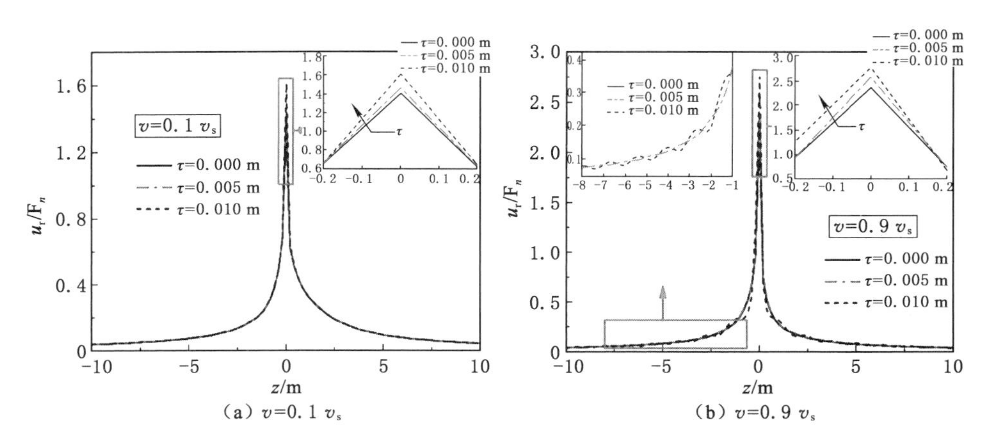

(a) $v=0.1\ v_s$　　(b) $v=0.9\ v_s$

图 5-21　不同荷载移动速度下径向位移沿荷载移动方向的分布曲线

($r=3$ m,不考虑自振)

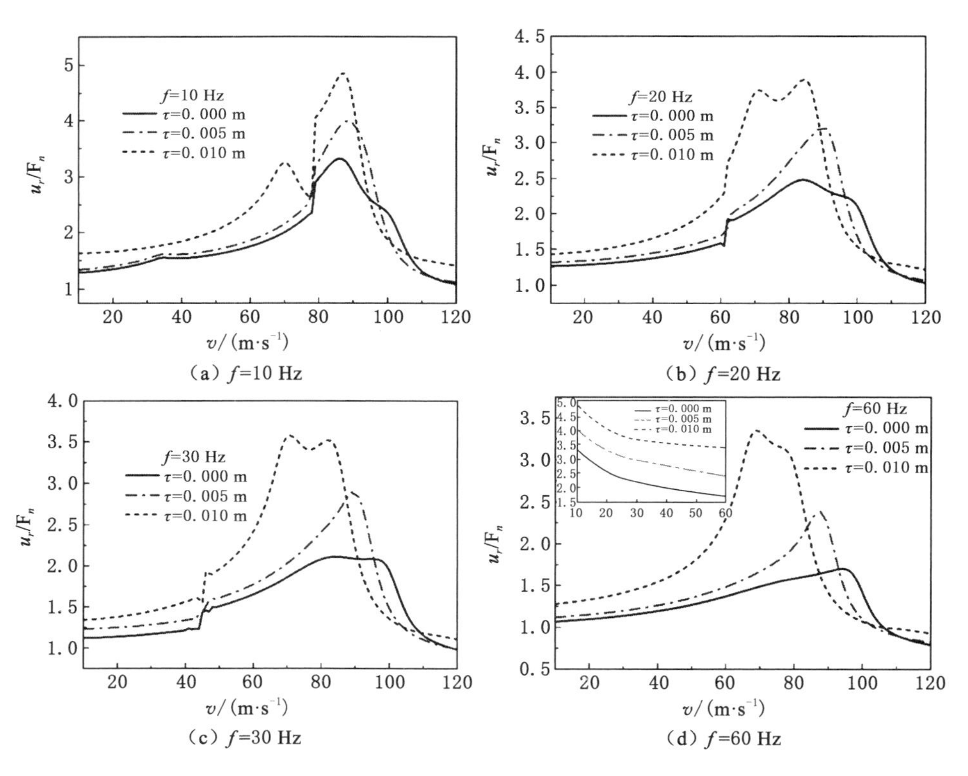

(a) f=10 Hz　　(b) f=20 Hz

(c) f=30 Hz　　(d) f=60 Hz

图 5-22　不同自振频率下径向位移随荷载移动速度v的变化曲线

(观测点为 $z=0$,$r=3$)

τ=0.01 m 所对应的径向位移响应随荷载移动速度的变化曲线可以观察到两个峰值。其中第一个峰值对应的移动速度与荷载的自振频率几乎无关。而第二个峰值对应的移动速度与荷载的自振频率密切相关，且随着荷载自振频率的增大，峰值向左移动。从图 5-22 中观察到，对于给定的自振频率，随着非局部参数的增大，最大位移对应的移动速度减小，表明多孔弹性介质的"共振"频率减小，这也是非局部参数增大造成的土体软化效应所引起的。这一观察结果为我们提供了一个重要信息，即对于孔径较大的多孔介质，荷载的临界移动速度较小。

为了清楚地研究荷载的自振频率对径向位移响应的影响，图 5-23 给出了不同荷载移动速度下径向位移随荷载自振频率的变化曲线。由图可知，选取的 4 个荷载移动速度分别为 20 m/s、50 m/s、80 m/s 和 100 m/s。随着荷载自振频率的增大，径向位移响应幅值总体上是减小的，这与图 5-22 中的观察结果相一致。当荷载移动速度较低时，可以观察到两个明显的峰值，如图 5-23 所示。同时，随着荷载移动速度不断增大，两个峰值均向左移动，即荷载移动速度越高其

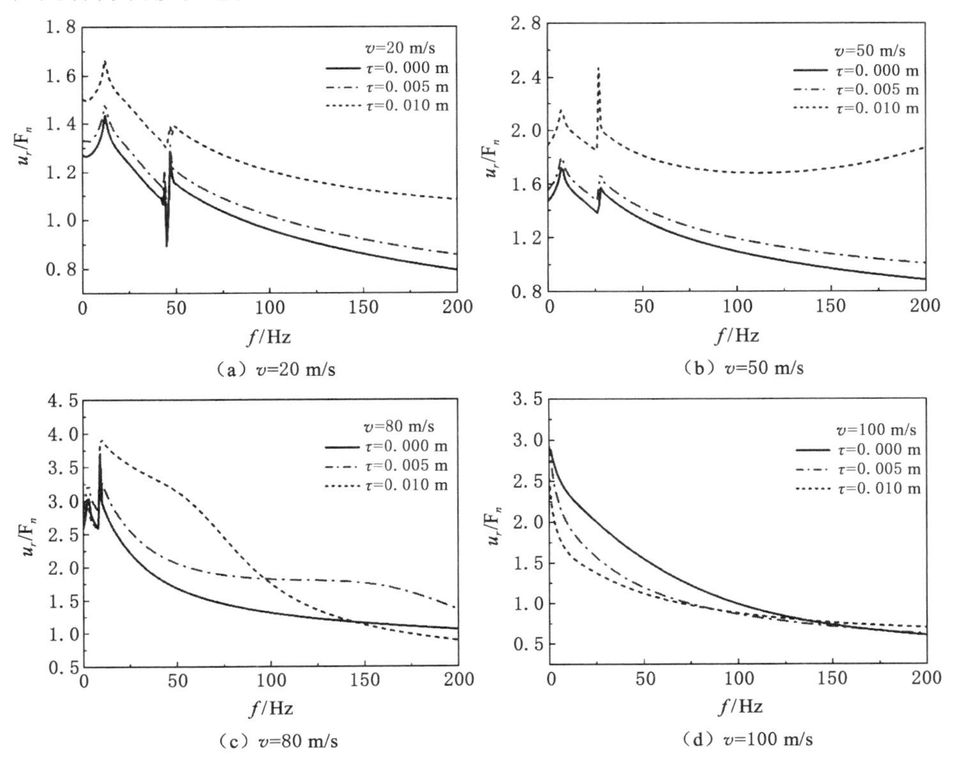

(a) v=20 m/s　(b) v=50 m/s　(c) v=80 m/s　(d) v=100 m/s

图 5-23　不同荷载移动速度下径向位移随荷载自振频率的变化曲线
(观测点为 $z=0, r=3$)

峰值所对应的荷载自振频率越低，这是因为当荷载移动速度较大时，激振频率也较高。此外，由图 5-23 还可以看出，非局部参数越大其径向位移响应峰值也越大，这与图 5-22 中的观察结果也相一致。然而，当荷载移动速度超过 100 m/s 时，没有观察到峰值，因为这种情况下的响应频率超过了“共振”频率，且位移响应幅值随着自振频率的增大而减小。

图 5-24 选取了 4 个荷载自振频率，用于研究其对径向位移沿荷载移动方向分布的影响。同时，选取了非局部参数 $\tau=0.0$ m 和 $\tau=0.01$ m 以研究其对位移场的影响。对比图 5-24(a)和图 5-24(d)可以发现，荷载自振频率越高，波动现象也越明显。然而，荷载的自振频率越高，体系的耗散越大，移动荷载作用下产生的波衰减得也越快。由此可见，由于耗散太大，在多孔介质中高频波只能短距离传播。此外，非局部参数对径向位移响应的影响范围主要集中在荷载作用点附近。例如，由图 5-24(a)可以看出，在 $z=0$ m 和 $z=0.2$ m 之间，非局部参数 $\tau=0.0$ m和 $\tau=0.01$ m 所对应的径向位移响应存在明显差异，而当 z 大于

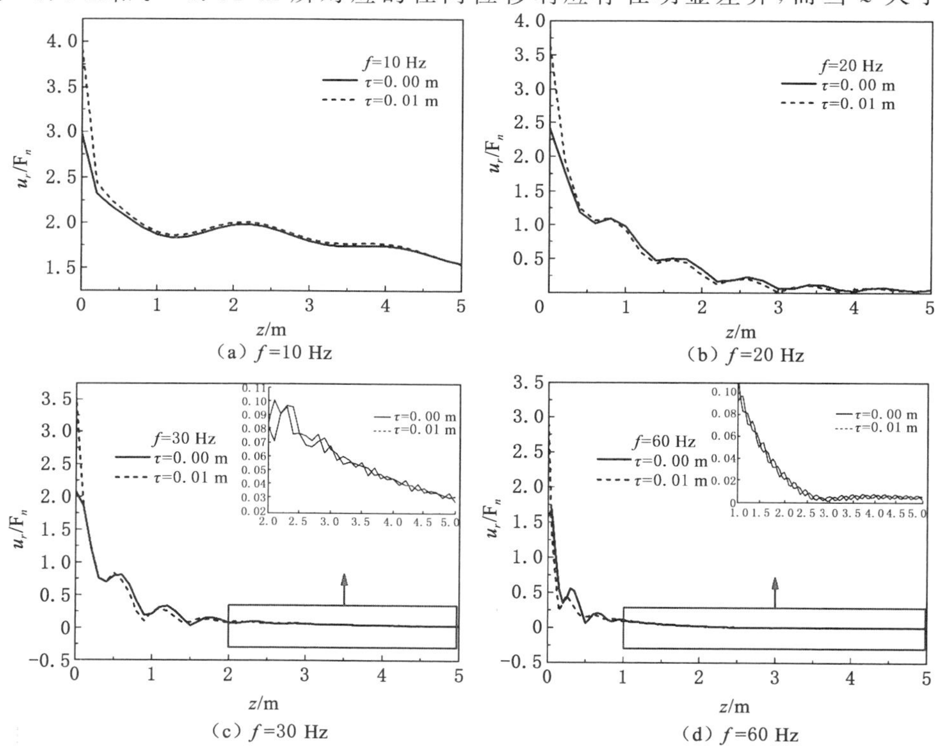

(a) f=10 Hz　(b) f=20 Hz　(c) f=30 Hz　(d) f=60 Hz

图 5-24　不同频率下的径向位移沿荷载移动方向的变化曲线

($v=80$ m/s, $r=3$ m)

0.2 m时，则几乎没有差异。

图 5-25 给出了 $z=0$ 处孔压沿径向的分布曲线，边界条件为 $P_{\mathrm{f}}=0$，选取了两个自振频率用于研究。显然，非局部参数对孔压响应的影响很大，且与经典 Biot 理论预测的孔压值相比，随着非局部参数增大，孔压值增大，这表明，经典 Biot 理论预测的孔压值偏小。如图 5-25(a)所示，当非局部参数从 $\tau=0.0$ m 增大到 $\tau=0.01$ m 时，孔压峰值增大了 18.78%。如前所述，随着非局部参数增大，土体的等效模量减小，导致土骨架承受的应力(即有效应力)减小。因此，当总应力保持不变时，孔压增大；此外，荷载的自振频率对孔压的分布也有一定的影响。当自振频率为 10 Hz 时，孔压峰值出现在 $r=3.05$ m 处；当自振频率为 30 Hz 时，孔压峰值出现在 $r=3.1$ m 处。

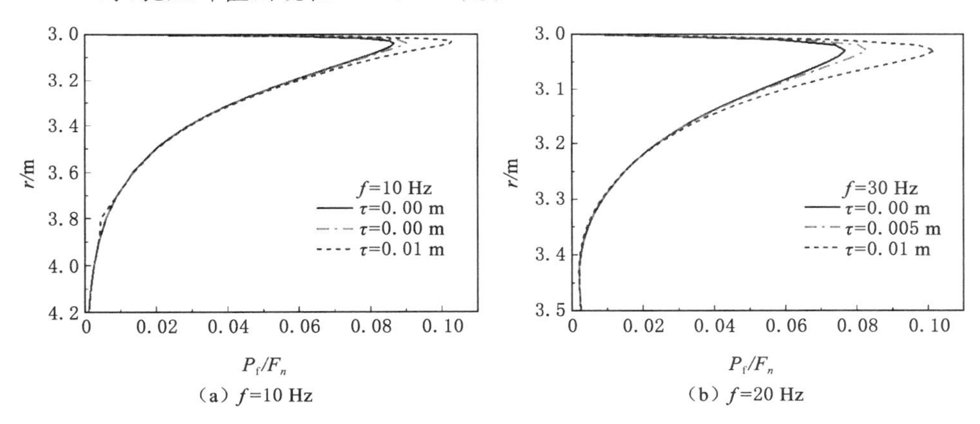

(a) $f=10$ Hz　　(b) $f=20$ Hz

图 5-25　荷载移动速度为 $v=80$ m/s 时，不同自振频率下孔压沿径向的分布曲线

5.5　本章小结

本章首先对非局部弹性理论和非局部 Biot 理论进行了简要介绍；然后采用双重 Fourier 变换法求解了饱和土中波场表达式，建立了饱和土中应力应变与势函数关系；然后将所构建的非局部 Biot 理论应用于移动点荷载、矩形荷载及环形移动荷载下饱和土动应力响应问题，并着重分析了非局部参数对饱和土动应力响应的影响。研究表明，低频率时孔隙尺寸对土体动应力响应的影响较小，在高频情况下，孔隙尺寸对土体动应力响应的影响较为显著。本章理论可以进一步扩展应用到其他形式荷载作用下的饱和土体动力响应分析中。

本章参考文献

[1] MADSHUS C, KAYNIA A M. High-speed railway lines on soft ground: dynamic behaviour at critical train speed[J]. Journal of sound and vibration, 2000, 231(3): 689-701.

[2] TONG L H, DING H B, ZENG L L, et al. On the dynamic response of a poroelastic medium subjected to a moving load based on nonlocal Biot theory[J]. Computers and geotechnics, 2021, 134: 104118.

[3] TONG L H, ZENG L L, GENG D X, et al. Dynamic effect of a moving ring load on a cylindrical structure embedded in poroelastic space based on nonlocal Biot theory[J]. Soil dynamics and earthquake engineering, 2020, 128: 105897.

[4] TONG L H, YU Y, HU W T, et al. On wave propagation characteristics in fluid saturated porous materials by a nonlocal Biot theory[J]. Journal of sound and vibration, 2016, 379: 106-118.

[5] ERINGEN A C, EDELEN D G B. On nonlocal elasticity[J]. International journal of engineering science, 1972, 10(3): 233-248.

[6] BIOT M A. Mechanics of deformation and acoustic propagation in porous media[J]. Journal of applied physics, 1962, 33(4): 1482-1498.

[7] BIOT M A. Theory of propagation of elastic waves in a fluid-saturated porous solid. II. higher frequency range[J]. The journal of the acoustical society of America, 1956, 28(2): 179-191.

[8] XU B, LU J F, WANG J H. Dynamic response of a layered water-saturated half space to a moving load[J]. Computers and geotechnics, 2008, 35(1): 1-10.

[9] LU J F, JENG D S. A half-space saturated poro-elastic medium subjected to a moving point load[J]. International journal of solids and structures, 2007, 44(2): 573-586.

第 6 章　非局部 Biot 理论在桩基动力响应中的应用

6.1　概　　述

桩土共同作用理论在机械基础设计及抗震设计中有着广泛的应用，同时也是动力桩的理论基础，在结构抗震中占有重要地位[1-2]。而确定荷载作用下单桩纵向动力响应是土木工程领域一个重要的工程问题。针对荷载作用下单桩的纵向动力响应问题，国内外已有许多学者做了大量的研究。诺瓦卡（Novak）等[3]通过引入势函数及分离变量法系统地研究了单向介质中桩的振动问题，得出桩顶阻抗解析解。米洛纳基斯（Mylonakis）等[4]指出，忽略径向运动对桩的纵向振动响应影响很小。李强等[5]基于 Biot 多孔介质理论对端承桩在饱和土中的纵向耦合振动问题进行了求解，并得到频域的解析解和时域半解析解。张智卿等[6]研究了饱和土中，桩与土在简谐振动情况下的定解问题，得出桩顶转角和切向速度频域响应解析解和半正弦脉冲激励作用下桩顶时域响应的半解析解。然而，高速铁路在软土地区通常以桥带路，列车动荷载所引起的桥梁桩基的动力响应问题也引起了学者们的广泛关注。

根据笔者对端承桩竖向动力响应的研究[7]，本章将基于第 2 章所提出的非局部 Biot 理论，研究饱和土中竖向正弦荷载作用下端承桩的动力响应问题。

6.2　计算模型及假定

如图 6-1 所示，图中 H 为桩长，$q(t)$为作用在桩顶部的竖向简谐荷载，$f(z,t)$ 为周边土作用在桩身单位面积上的摩擦阻力。为了继续接下来的研究，本书做如下假设：

（1）桩为竖向、弹性及一维均匀圆形截面的端承杆。

（2）地基表层为自由面，不存在法向和剪应力，且土体的应力和位移在无穷远处为零。

（3）桩土系统仅发生小变形。

（4）荷载振动过程中桩土间的应力和位移连续。

6.3 控制方程及边界条件

6.3.1 控制方程

单桩的动力控制方程为：

$$E_p A_p \frac{\partial^2 u_p}{\partial z^2} - 2\pi r_p f - \rho_p A_p \frac{\partial^2 u_p}{\partial t^2} = 0 \tag{6-1}$$

式中，$u_p(z,t)$、r_p、E_p、A_p 和 ρ_p 分别代表桩的竖向位移、桩半径、杨氏模量、横截面积及密度；$f(z,t)$ 为桩周边土体作用下桩身单位面积上的侧摩阻力。饱和土的动力控制方程可参见本书第 2 章。

6.3.2 边界条件

根据本书的假设，图 6-1 所示的桩土系统的边界条件如下所述：

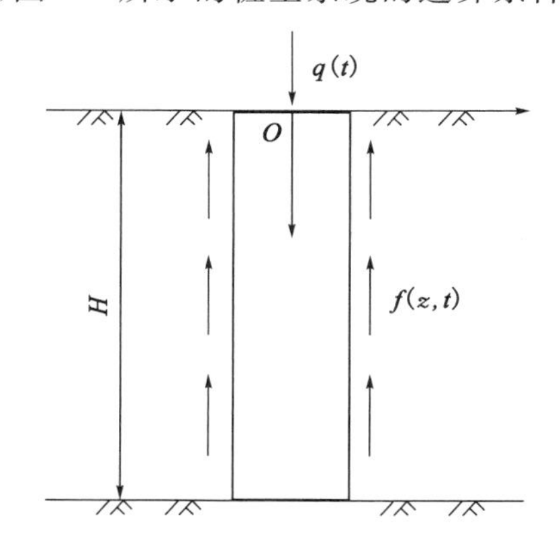

图 6-1 桩土系统示意图

（1）饱和土介质边界条件

饱和土介质的地表法向应力为 0，即：

$$\sigma_z(z,r)\big|_{z=0} = 0 \tag{6-2}$$

无限远处饱和土位移为 0，即：

$$\boldsymbol{u}(z,r,t)\big|_{r\to\infty} = 0 \tag{6-3}$$

桩土界面的径向位移为 0：

$$u_r(z,r,t)\big|_{r=r_p} = 0 \tag{6-4}$$

桩土交界面的径向应力为 0，即：

$$w_r(z,r,t)\big|_{r=r_{\mathrm{p}}}=0 \tag{6-5}$$

（2）端承桩边界条件

桩顶端边界条件：

$$\frac{\partial u_{\mathrm{p}}(z,t)}{\partial z}\bigg|_{z=0}=\frac{q(t)}{E_{\mathrm{p}}\pi r_{\mathrm{p}}^2} \tag{6-6}$$

桩顶端位移为 0，即：

$$u_z(z,r,t)\big|_{z=0}=u_{\mathrm{p}}(z,t)\big|_{z=H}=0 \tag{6-7}$$

（3）桩土交界面的连续边界条件

桩土交界面的位移连续边界条件：

$$u_z(z,r,t)\big|_{r=r_{\mathrm{p}}}=u_{\mathrm{p}}(z,t)\big|_{r=r_{\mathrm{p}}} \tag{6-8}$$

桩土交界面的应力连续边界条件：

$$\tau_{rz}(z,r,t)\big|_{r=r_{\mathrm{p}}}=-f(z,t) \tag{6-9}$$

6.4 模型求解

为求解非局部 Biot 动力控制方程和单桩控制方程，采用 Laplace 变换将所有时域的变量转化为频率的变量。Laplace 变换式如下：

$$\hat{f}(s)=\int_0^{+\infty}f(t)\mathrm{e}^{-st}\mathrm{d}t \tag{6-10}$$

6.4.1 饱和土振动

由 Helmholtz 分解定理可知，位移表示为：

$$\begin{cases}u=\nabla\phi_{\mathrm{s}}+\nabla\times\boldsymbol{\varphi}_{\mathrm{s}}\\ w=\nabla\phi_{\mathrm{f}}+\nabla\times\boldsymbol{\varphi}_{\mathrm{f}}\end{cases} \tag{6-11}$$

式中，ϕ_{s}、$\boldsymbol{\varphi}_{\mathrm{s}}$ 分别为土骨架位移的标量势和矢量势；ϕ_{f}、$\boldsymbol{\varphi}_{\mathrm{f}}$ 分别为液体相对位移的标量势和矢量势；$\nabla\times$ 为旋度算子。

将上式代入非局部 Biot 理论控制方程，并进行 Laplace 变换，可得：

$$\begin{pmatrix}H_1\nabla^2-\rho s^2 & H_2\nabla^2-\rho_{\mathrm{f}}s^2\\ \alpha M\nabla^2-\rho_{\mathrm{f}}s^2 & M\nabla^2-H_4\end{pmatrix}\begin{pmatrix}\hat{\varphi}_{\mathrm{s}}\\ \hat{\varphi}_{\mathrm{f}}\end{pmatrix}=0 \tag{6-12}$$

$$\begin{pmatrix}H_3\nabla^2-\rho s^2 & \rho_{\mathrm{f}}s^2\tau^2\nabla^2-\rho_{\mathrm{f}}s^2\\ -\rho_{\mathrm{f}}s^2 & -H_4\end{pmatrix}\begin{pmatrix}\hat{\boldsymbol{\varphi}}_{\mathrm{s}}\\ \hat{\boldsymbol{\varphi}}_{\mathrm{f}}\end{pmatrix}=0 \tag{6-13}$$

式中，$H_1=\lambda+2\mu+\alpha^2M+\rho s^2\tau^2$，$H_2=\alpha M+\rho_{\mathrm{f}}s^2\tau^2$，$H_3=\mu+\rho s^2\tau^2$ 及 $H_4=ms^2+\frac{\eta}{\kappa}s$。

考虑式(6-12)和式(6-13)具有非平凡解及边界条件(6-3),则势函数的通解,可写为:

$$\begin{bmatrix}\hat{\phi}_s\\ \hat{\varphi}_s\\ \hat{\phi}_f\\ \hat{\varphi}_f\end{bmatrix}=[\boldsymbol{D}]\begin{bmatrix}A_1\cos b_1z+A_2\sin b_1z\\ B_1\cos b_2z+A_2\sin b_2z\\ C_1\cos b_3z+C_2\sin b_3z\end{bmatrix}\tag{6-14}$$

式中,A_1、A_2、B_1、B_2、C_1、C_2、b_1、b_2 和 b_3 均为待定系数;$\boldsymbol{D}$ 矩阵参见附录 C。

由于边界条件(6-2)及 Bessel 函数的线性无关性,可得出:$A_1=B_1=C_2=0$。考虑边界条件(6-7),可得:

$$b_1=b_2=b_3=\frac{2n-1}{2H}\pi=b_n\tag{6-15}$$

利用边界条件(6-4)和边界条件(6-5)可求解方程(6-14)中的待定系数 A_1、B_2 和 C_1。因此,B_2 及 A_2 可表示为:

$$A_2=x_1C_1$$
$$B_2=x_2C_1$$

上式中:

$$x_1=\frac{c_3c_5-c_2c_6}{c_2c_4-c_1c_5}$$

$$x_2=\frac{c_1c_6-c_3c_4}{c_2c_4-c_1c_5}$$

$$c_i=-\psi_iK_1(\psi_ir_p),i=1,2,$$
$$c_3=b_n\psi_3K_1(\psi_3r_p)$$
$$c_4=-(a_4a_1-a_5)\psi_1K_1(\psi_1r_p)$$
$$c_5=-(a_4a_2-a_5)\psi_2K_1(\psi_2r_p)$$
$$c_6=a_8b_n\psi_3K_1(\psi_3r_p)$$

假设 $C_1=C_n$,桩土界面的竖向位移及剪切应力可写为无限级数的形式:

$$\hat{u}_z|_{r=r_p}=\sum_{n=1}^{\infty}\vartheta_nC_n\cos b_nz\tag{6-16}$$

$$\hat{\tau}_{rz}|_{r=r_p}=\mu\sum_{n=1}^{\infty}\chi_nC_n\cos b_nz\tag{6-17}$$

式中:

$$\vartheta_n=b_nx_{1n}K_0(\psi_{1n}r_p)+b_nx_2K_0(\psi_2r_p)-\frac{\psi_{3n}^2}{2}[K_0(\psi_{3n}r_p)+K_2(\psi_{3n}r_p)]+\frac{\psi_{3n}}{r_p}K_1(\psi_{3n}r_p)$$

$$\chi_n = -b_n\psi_{1n}x_{1n}K_1(\psi_{1n}r_p) - b_n\psi_{2n}x_{2n}K_1(\psi_{2n}r_p) - \frac{\psi_{3n}^2}{2r_p}[K_0(\psi_{3n}r_p) + K_2(\psi_{3n}r_p)] + \left(\frac{3\psi_{3n}^3}{4} - \frac{\psi_{3n}}{r_p^2}\right)K_1(\psi_{3n}r_p) + \frac{\psi_{3n}^3}{4}K_3(\psi_{3n}r_p)$$

式中，$K_i(\cdot)$表示修正的 i 阶第二类 Bessel 方程。

6.4.2　桩的振动

对式(6-1)进行 Laplace 变换，可得：

$$E_p\frac{\partial^2\hat{u}_p}{\partial z^2} - \rho_p s^2\hat{u}_p - \frac{2}{r_p}\hat{f} = 0 \tag{6-18}$$

利用边界条件式(6-9)，式(6-18)可表示为：

$$\hat{u}_p = D_1\sin vz + D_2\cos vz + \frac{2\mu}{E_p r_p}\sum_{n=1}^{\infty}\frac{\chi_n C_n}{b_n^2 - v^2}\cos b_n z \tag{6-19}$$

式中，D_1 和 D_2 为待定系数，$v = \sqrt{-\frac{\rho_p s^2}{E_p}}$。

上式表明，该方程的解包含两部分：桩自由振动的通解 $\hat{u}_{p1} = D_1\sin vz + D_2\cos vz$ 和桩受迫振动所产生的特解 $\hat{u}_{p2} = \frac{2\mu}{E_p r_p}\sum_{n=1}^{\infty}\frac{\chi_n C_n}{b_n^2 - v^2}\cos b_n z$。

将式(4-48)代入式(6-6)和式(6-7)可得：

$$\hat{u}_p = \frac{\hat{q}}{E_p\pi r_p^2 v}(\sin vz - \tan vz\cdot\cos vz) + \frac{2\mu}{E_p r_p}\sum_{n=1}^{\infty}\frac{\chi_n C_n}{b_n^2 - v^2}\cos b_n z \tag{6-20}$$

利用桩土界面的位移连续条件，可得：

$$\sum_{n=1}^{\infty}\vartheta_n C_n\cos b_n z = \frac{\hat{q}}{E_p\pi r_p^2 v}(\sin vz - \tan vH\cdot\cos vz) + \frac{2\mu}{E_p r_p}\sum_{n=1}^{\infty}\frac{\chi_n C_n}{b_n - v^2}\cos b_n z \tag{6-21}$$

由特征方程 $\cos b_n z$ 的在区间$[0,H]$正交性，可得 C_n 的表达式为：

$$C_n = \frac{\hat{q}}{E_p\pi r_p^2}g_n E_p r_p \tag{6-22}$$

式中，$g_n = \frac{2}{2H\mu\chi_n - HE_p r_p\vartheta_n(b_n^2 - v^2)}$。

至此，所有待定系数已确定，将 C_n 表达式代入式(6-20)，可得桩的竖向位移为：

$$\hat{u}_{\mathrm{p}}=\frac{\hat{q}}{E_{\mathrm{p}}\pi r_{\mathrm{p}}^{2}}\left[\frac{1}{v}(\sin vz-\tan vH\cdot\cos vz)+2\mu\sum_{n=1}^{\infty}\frac{\chi_{n}g_{n}}{b_{n}^{2}-v^{2}}\cos b_{n}z\right]\tag{6-23}$$

令 $s=\mathrm{i}\omega$,(ω 为圆频率),频域内桩顶位移阻抗方程可表示为:

$$Z(\omega)=\left.\frac{\hat{q}}{\hat{u}_{z}(z)}\right|_{z=0}=\frac{E_{\mathrm{p}}A_{\mathrm{p}}}{H}\bar{Z}\tag{6-24}$$

式中,$\bar{Z}(\omega)$ 为 $Z(\omega)$ 的无量纲函数,其计算式为:

$$\bar{Z}(\omega)=\frac{vH}{\tan vH-2\mu v\sum_{n=1}^{\infty}\frac{\chi_{n}g_{n}}{b_{n}^{2}-v^{2}}}\tag{6-25}$$

进一步,可将 $\bar{Z}(\omega)$ 写为:

$$\bar{Z}(\omega)=\bar{K}+\mathrm{i}\bar{C}\tag{6-26}$$

式中,$\bar{K}$ 为动刚度,所反映的是桩抵抗竖向变形的能力;$\bar{C}$ 为动阻尼,所反映的是弹性波的耗散量。

频率范围内,桩顶位移响应函数可表示为:

$$H_{u}(\omega)=\frac{1}{Z(\omega)}=\frac{\tan vH-2\mu v\sum_{n=1}^{\infty}\frac{\chi_{n}g_{n}}{b_{n}^{2}-v^{2}}}{E_{\mathrm{p}}\pi r_{\mathrm{p}}^{2}v}\tag{6-27}$$

频域内,桩顶速度导纳方程可表示为:

$$H_{v}(\omega)=\frac{\mathrm{i}\omega}{Z(\omega)}=\frac{1}{\rho_{\mathrm{p}}A_{\mathrm{p}}v_{\mathrm{p}}}\bar{H}_{v}\tag{6-28}$$

式中,v_{p} 桩内纵波波速,$\bar{H}_{v}$ 为无量纲速度导纳函数,可写为:

$$\bar{H}_{v}(\omega)=\frac{\mathrm{i}\omega\tan vH-2\mathrm{i}\omega\mu v\sum_{n=1}^{\infty}\frac{\chi_{n}g_{n}}{b_{n}^{2}-v^{2}}}{vV_{\mathrm{p}}}\tag{6-29}$$

当在桩顶作用半正弦函数 $q(t)=Q_{\max}\sin(\pi t/T)$,则时域内桩顶速度响应方程,可通过 Fourier 逆变换得到:

$$v(t)=IFT[H_{v}(\omega)\cdot\hat{q}(\omega)]=\frac{Q_{\max}}{\rho_{\mathrm{p}}A_{\mathrm{p}}v_{\mathrm{p}}}\bar{V}(t)\tag{6-30}$$

式中,$\nabla(t)$ 为无量纲速度响应函数,其表达式为:

$$\bar{v}(t)=\frac{1}{2}\int_{-\infty}^{\infty}\bar{H}_{v}\frac{T}{\pi^{2}-T^{2}\omega^{2}}(1+\mathrm{e}^{-\mathrm{i}\omega T})\mathrm{e}^{\mathrm{i}\omega T}\mathrm{d}\omega\tag{6-31}$$

式中,$Q_{\max}$ 和 T 分别为外激励荷载幅值和脉冲宽度。

6.5 计算结果与参数分析

为了验证本章模型的正确性，将本章基于非局部 Biot 理论计算的结果退化为经典 Biot 理论计算结果，并与已有文献对比。然后，从频率和时域两方面研究了非局部参数对桩的竖向动应力的影响。

6.5.1 模型收敛性分析

如式(6-25)和式(6-29)所列，本书所得到的解析解是一个无限级数的形式，因此，n 的值对结算结果具有显著的影响。为探究本书解的收敛性及精度，将非局部 Biot 理论退化为经典 Biot 理论[取 $\tau=0$ 及 $F(\zeta)=1$]，并将计算结果与李强等[5]的结果比较，模型计算参数见表 6-1 中材料 1。收敛性比较结果如图 6-2 和图 6-3 所示，图中 $|\bar{H}_v|$ 表示无量纲速度的绝对值，$\bar{t}=t/t_p$ 为无量纲时间，$t_p=H/v_p$ 为弹性纵波在桩内的传播时间。由图 6-2 可知，当 $n=50$ 时，本书的解达到收敛，但却与文献[5]的解存在一定的偏差，而当 $n=1\ 000$ 时，本书的解与文献[5]的解一致。图 6-3 表明，当 n 增加至 50 时，n 的值对速度及速度反射信号将没有影响。由此说明，本书计算的方法正确性，在很大程度上缩短了计算时间。因此，在接下来的分析中，n 取 50。

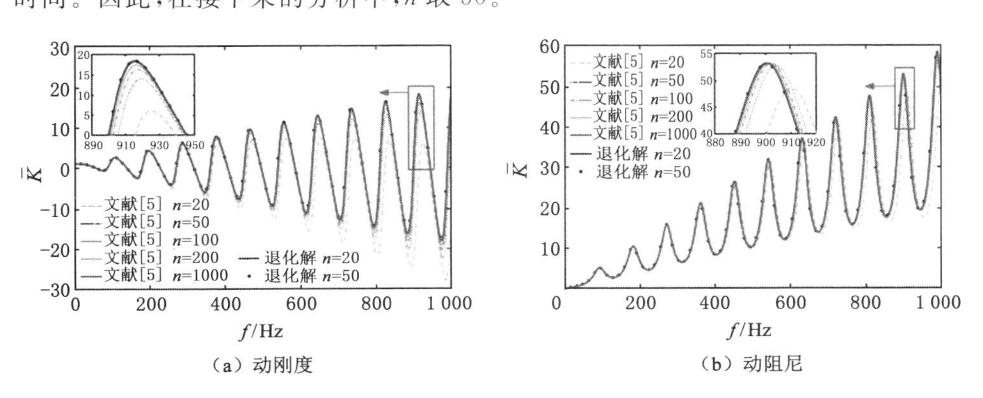

(a) 动刚度　　(b) 动阻尼

图 6-2　桩顶复阻抗的收敛性比较

6.5.2 模型验证

为了验证非局部 Biot 理论，哈萨尼·巴费拉尼(Hasani Baferani)等[8]将非局部参数取为一个很小的值，并与经典 Biot 理论结果比较。为此，本书采用同样的方法验证其理论的正确性，其中饱和土计算参数见表 6-1 中材料 2；同时，并将本书计算结果与文献[8]的结果比较，比较结果如图 6-4 和图 6-5 所示。由图可知，在

$\tau=0$ mm和 $\tau=0.1$ mm 时结果吻合得很好，由此说明了本书解的正确性。

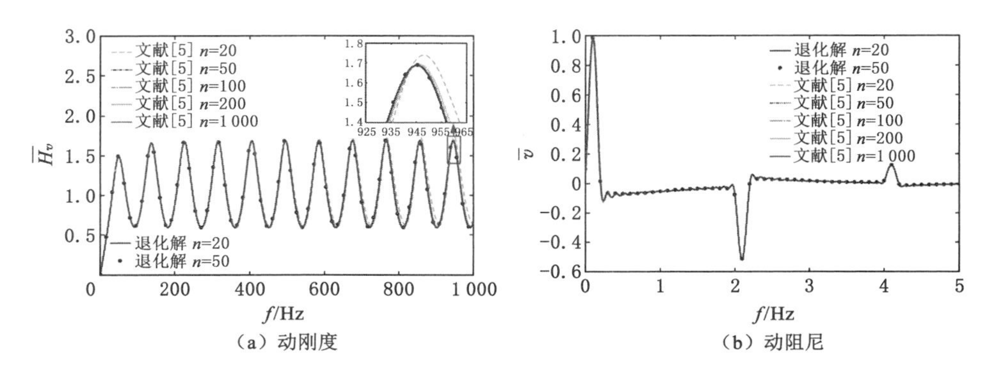

(a) 动刚度　　(b) 动阻尼

图 6-3　竖向位移的收敛性比较

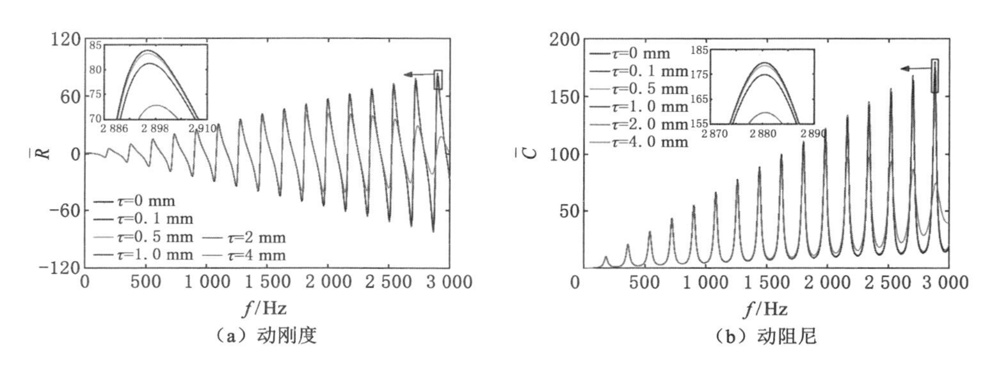

(a) 动刚度　　(b) 动阻尼

图 6-4　非局部参数对桩顶复阻抗的影响

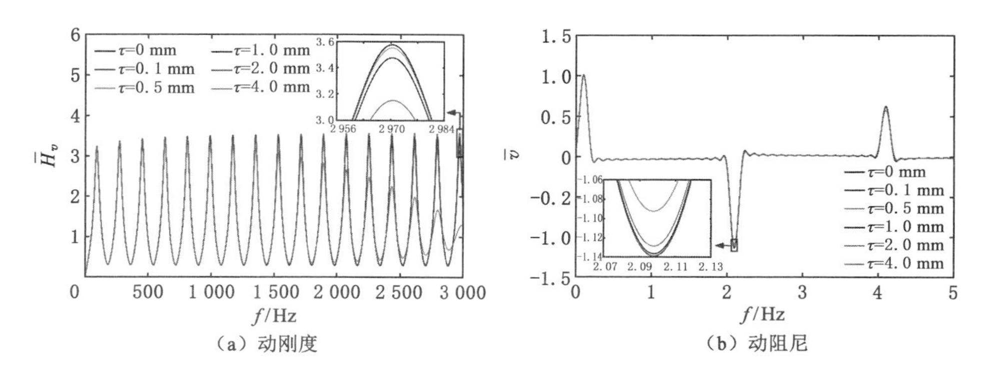

(a) 动刚度　　(b) 动阻尼

图 6-5　非局部参数对桩顶速度响应的影响

表 6-1　饱和土计算参数

物理量	符号	材料 1	材料 2	单位
固体密度	ρ_s	2 700	2 650	kg/m^3
流体密度	ρ_f	1 000	1 000	kg/m^3
孔隙度	n_0	0.45	0.408	—
泊松比	ν	0.4	0.4	—
模量比	E_p/μ	500	—	—
土骨架模量	K_b	66.3	66.3	MPa
土颗粒模量	K_s	36.0	36.9	GPa
流体体积模量	K_f	2.0	2.2	GPa
渗透系数	$b=\eta/k$	1.0×10^5	1.0×10^7	m^{-2}
桩波速	v_p	3 600	3 600	m/s
桩密度	ρ_p	2 500	2 500	kg/m^3
深径比	H/r_p	20	20	—

6.5.3　非局部参数对桩竖向动力响应影响

由于桩土之间复杂的相互作用，导致自由桩的动力特性与桩-土系统的很不一样。复阻抗可用于衡量桩基的动力响应，其实部与虚部分别表示为桩的动刚度和动力阻尼。此外，机械导纳法和反射波法是常用的用于桩基完整性检测的方法，它们分别是基于速度导纳和速度反射的信号曲线。因此，人们有必要研究非局部参数对复阻抗、速度导纳和速度反射信号的影响。

图 6-4 为非局部参数 τ 对桩的动刚度和动阻尼的影响，当 $\tau=0$ 时，非局部 Biot 理论退化为经典 Biot 理论。可以看出，动刚度和动阻尼均表现出波动特性，且频率越高，振动越剧烈。当 $\tau=0.1$ mm 和 $\tau=0.5$ mm 时，非局部参数对复阻抗的影响很小。当非局部参数超过 0.5 mm 时，复阻抗曲线开始出现偏离，频率越高，偏离的越显著。特别地，当 $\tau=4$ mm 时，振荡峰值的幅值显著减小，此外，τ 对共振频率具有显著影响，且动刚度的平均值基本保持不变。

图 6-5 为速度导纳速度反射信号随非局部参数的变化曲线。由图可知，速度导纳曲线[图 6-5(a)]与动刚度变化相似。非局部参数小于或等于 0.5 mm 时，其影响是微小的。速度导纳曲线呈现出有规律的波动，且振幅和共振频率几乎不变。当 $\tau=1$ mm 时，振动幅值略有减小，且波动衰减速度随着非局部参数的增加而显著增加。当 $\tau=5$ mm 时，可观察到在频率较高时，振动曲线呈现出迅速衰减，且速度导纳值趋向于 1。机械导纳法通常评价桩质量，由于非局部参数对波速导纳曲线的影响较大，机械导纳法将不能用于大粒径和级配不良的桩

土中。相反,图 6-5(b)中的反射信号随非局部参数的增加而变化得很小,说明尽管存在孔隙尺寸和孔隙动应力的影响,反射波法仍然可以准确地预测桩的完整性。

图 6-6 为动刚度和动阻尼随剪切模量的变化,其中非局部参数取 $\tau=0$ mm 和 4 mm。由图可知,随剪切模量的增加,动刚度和动阻尼的振荡幅值逐渐减小,且高频下该现象更加明显。因此,非局部效应在软土中更加明显。

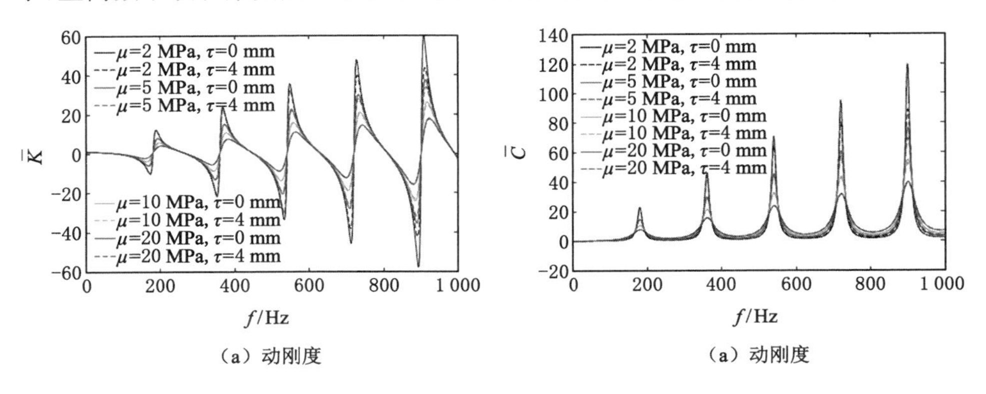

(a) 动刚度　　(a) 动刚度

图 6-6　饱和土剪切模量与非局部参数的影响

图 6-7 为桩的动刚度和动阻尼在不同孔隙比和非局部参数下随振动频率的变化曲线,其中剪切模量为 2 MPa。由图可知,孔隙度越小动刚度和动阻尼的振动幅值的差异越明显,且该差异随频率的增加而更加明显。

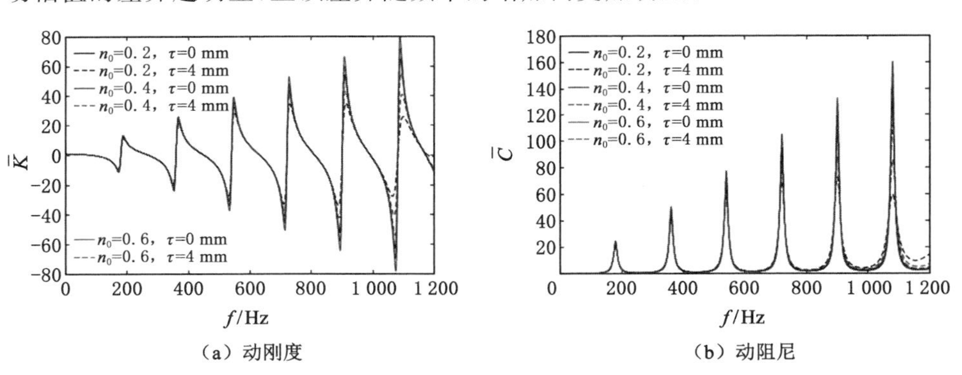

(a) 动刚度　　(b) 动阻尼

图 6-7　饱和人孔隙比与非局部参数的影响

图 6-8 为不同渗透系数和不同非局部参数下桩的动刚度和动阻尼变化曲线,图中 $b=\eta/\kappa$ 代表饱和土的渗透性。由图可知,对于高渗透性土($b=0$ 及 $b=$

$1\times10^4\ \mathrm{N\cdot s/m^4}$)，复数阻抗曲线为常数。当 $b=1\times10^8\ \mathrm{N\cdot s/m^4}$，此时饱和土接近不可流动，在考虑或者不考虑非局部效应情况下的变化曲线基本一致，说明渗透系数对非局部效应影响很小。

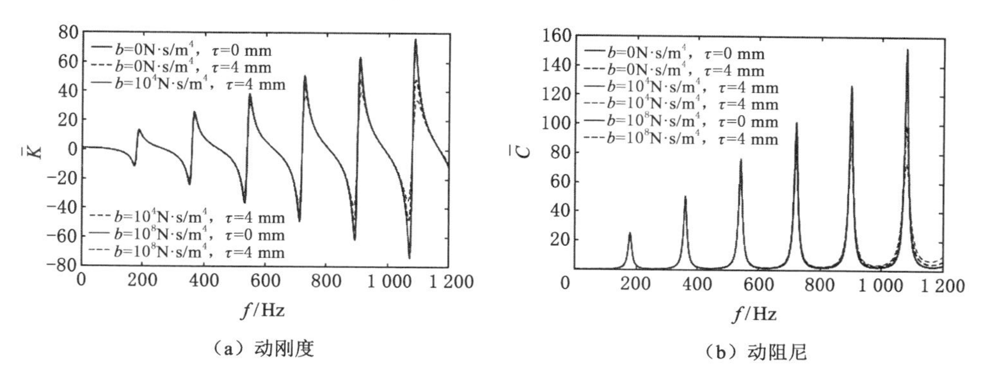

(a) 动刚度　　(b) 动阻尼

图 6-8 饱和土渗透系数与非局部参数的影响

6.6 本章小结

本章基于非局部 Biot 理论，首先研究了饱和土中端承桩的竖向动力响应；然后通过与经典 Biot 理论结果对比，对本书计算结果的收敛性进行了分析，并将本书结果与已有文献对比，验证了本书计算结果的正确性；最后分析了非局部参数对桩竖向动应力响应的影响，以及土体参数与非局部参数之间的相互影响，得出如下结论：

当非局部参数小于 0.5 mm 时，其对桩的复阻抗影响很小；然而，当非局部参数大于 0.5 mm 时，且该影响效果随频率的增加而增加。高频率时，非局部参数对速度导纳具有显著影响。所以机械导纳法不可以用于桩体质量检测；然而，非局部参数对波速反射信号影响很小，所以反射波法可以精确地预测桩体质量。低孔隙比时，尽管非局部参数在软土中影响效果显著，但渗透系数对非局部参数影响却很小。

本章参考文献

[1] LIU H, WU W B, JIANG G S, et al. Benefits from using two receivers for interpretation of low-strain integrity tests on pipe piles[J]. Canadian geotechnical journal, 2019, 56(10): 1433-1447.

[2] WU J T,WANG K H,EL NAGGAR M H. Dynamic soil reactions around pile-fictitious soil pile coupled model and its application in parallel seismic method[J]. Computers and geotechnics,2019,110:44-56.
[3] NOVAK M. Dynamic stiffness and damping of piles[J]. Canadian geotechnical journal,1974,11(4):574-598.
[4] MYLONAKIS G,GAZETAS G. Kinematic pile response to vertical P-wave seismic excitation[J]. Journal of geotechnical and geoenvironmental engineering,2002,128(10):860-867.
[5] 李强,王奎华,谢康和. 饱和土中端承桩纵向振动特性研究[J]. 力学学报,2004, 36(4):435-442.
[6] 张智卿,王奎华,谢康和. 饱和土层中桩的扭转振动响应分析[J]. 浙江大学学报(工学版),2006,40(7):1211-1218.
[7] WANG N, LE Y, TONG L H, et al. Vertical dynamic response of an end-bearing pile considering the nonlocal effect of saturated soil[J]. Computers and Geotechnics,2020,121:103461.
[8] HASANI BAFERANI A, OHADI A R. Analytical investigation of the acoustic behavior of nanocomposite porous media by using modified nonlocal Biot's equations[J]. Journal of Vibration and Control,2018,24(13):2701-2716.

第 7 章　结论与展望

7.1　结　　论

本书考虑 Biot 理论的局限性，基于非局部弹性理论和经典 Biot 理论，构建了非局部 Biot 理论。该理论首先解除了 Biot 理论中饱和土中波长远大于孔隙尺寸的假设，考虑了饱和土介质中孔隙尺寸效应对波传播特性的影响；随后，将该理论应用于饱和土中 Rayleigh 波的传播、地震波作用下隧道衬砌的动力响应、移动荷载下地基的动力响应以及动荷载作用下桩基动力响应等实际工程问题中。本书研究得出如下主要结论：

(1) 当入射波频率小于某一数值时，饱和土中三种波均可被观察到。当入射波频率位于某一频率和临界频率之间时，剪切波将消失；当入射波频率大于某一数值时，仅有一种压缩波存在。同时，对非局部参数进行物理分析表明，非局部参数包含两种效应：一是孔隙波动所产生的惯性力，二是非局部弹性本构自然产生的孔隙尺寸效应。

(2) 非局部参数对 Rayleigh 波波速的影响较小，随着入射波频率的增大，非局部参数对 Rayleigh 波波速的影响逐渐增强。当入射波频率超过临界频率时，Rayleigh 波波速随着入射波频率的增大而减小；当入射波频率较高时，随着非局部参数的增大位移幅值沿深度衰减越快。

(3) 当入射波频率大于某一数值(该值与所研究的问题有关)时，非局部参数的影响不可忽略；低频时增加衬砌厚度及内侧衬砌刚度可有效地减小衬砌内动应力集中。此外，入射角和隧道埋深对复合式衬砌内动应力集中的影响较为复杂。

(4) 低频率时，孔隙尺寸对土体动应力响应的影响较小；高频率时，孔隙尺寸对土体动应力响应的影响较为显著。该理论可以进一步扩展应用到其他形式荷载作用下的饱和土体动力响应分析。

(5) 非局部参数较小时对桩的复阻抗影响很小,而随着非局部参数增加,非局部参数影响效果增强。高频率时,非局部参数对速度导纳具有显著影响,所以机械导纳法不可以用于桩体质量检测;然而,非局部参数对波速反射信号影响很小,所以反射波法可以精确地预测桩体质量。低孔隙比时,尽管非局部参数在软土中影响效果显著,但渗透系数对非局部参数影响却很小。

7.2 展　　望

限于著者水平,本书难免有一些不尽完善之处。因此,基于本书现有研究成果,对未来研究进行如下展望:

(1) 本书所建立的理论可推广至其他岩土工程问题中,如动荷载下饱和土地基的动力固结、地震荷载下砂土液化等实际工程问题。

(2) Biot 理论中假设土体结构的应变场是均匀的,而忽略的土体结构的复杂多样(非均匀性),后续研究可将土体结构的非均匀性考虑在内。

附　　录

附录 A

$$M_1 = \varphi_0 \varepsilon_n i^n [k_1 R_1 J_{n-1}(k_1 R_1) - nJ_n(k_1 R_1)];$$

$$G_{1j} = k_j R_1 H_{n-1}^{(1)}(k_j R_1) - nH_n^{(1)}(k_j R_1);$$

$$G_{13} = nH_n^{(1)}(k_3 R_1);$$

$$G_{14}^{(i)} = k_\alpha R_1 H_{n-1}^{(i)}(k_\alpha R_1) - nH_n^{(i)}(k_\alpha R_1);$$

$$G_{15}^{(i)} = nH_n^{(i)}(k_\beta R_1);$$

$$M_2 = n\varphi_0 \varepsilon_n i^n J_n(k_1 R_1);$$

$$L_{2j} = nH_n^{(1)}(k_j R_1);$$

$$L_{23} = [k_3 R_1 H_{n-1}^{(1)}(k_3 R_1) - nH_n^{(1)}(k_3 R_1)];$$

$$L_{24}^{(i)} = nH_n^{(i)}(k_\alpha R_1);$$

$$L_{25}^{(i)} = [k_\beta R_1 H_{n-1}^{(i)}(k_\beta R_1) - nH_n^{(i)}(k_\beta R_1)];$$

$$M_3 = e^{\frac{in\pi}{2}}(\varepsilon_1 + \alpha)\varepsilon_n \varphi_0 \left\{ [-4n(n-1)(n-2) + k_1^2 R_1^2 (3n-4)] J_{n-2}(k_1 R_1) - k_1 R_1 [-2n(n-1) + k_1^2 R_1^2] J_{n-3}(k_1 R_1) \right\};$$

$$N_{3j} = -(\varepsilon_j + \alpha) \left\{ k_j R_1 [-2n(n-1) + k_j^2 R_1{}^2] H_{n-3}^{(1)}(k_j R_1) + [4n(n-1)(n-2) + k_j^2 R_1{}^2 (4-3n)] H_{n-2}^{(1)}(k_j R_1) \right\};$$

$$M_5 = -\frac{2n\mu\varphi_0 \varepsilon_n i^n}{k_1 R_1^3}(-2 + 2n^2 - k_1^2 R_1{}^2)[R_1{}^2 + (4 + 4n - k_1^2 R_1{}^2)\tau^2] J_{n-3}(k_1 R_1) + \frac{2n\mu\varphi_0 \varepsilon_n i^n}{k_1^2 R_1^4}$$

$$\left\{ 16(n-2)(n-1)(n+1)^2 \tau^2 - 4R_1{}^2 (n^2-1)[2 - n + k_1^2 (n+1)\tau^2] + k_1^2 R_1{}^4 [3 - 3n + k_1^2 (3n-1)\tau^2] \right\} J_{n-2}(k_1 R_1);$$

$$Q_{5j} = -\frac{2n\mu R_1}{k_j R_1^4}(-2+2n^2-k_j^2R_1^2)[R_1^2+(4+4n-k_j^2R_1^2)\tau^2]H_{n-3}^{(1)}(k_jR_1)+$$

$$\frac{2n\mu}{k_j^2R_1^4}\Big\{16(n-1)(n-2)(n+1)^2\tau^2-4R_1^2(n^2-1)[2-n+k_j^2(n+1)\tau^2]+$$

$$k_j^2R_1^4[3-3n+k_j^2(3n-1)\tau^2]\Big\}H_{n-2}^{(1)}(k_jR_1);$$

$$Q_{53} = \frac{2n\mu r}{k_3R_1^4}(-2+2n^2-k_3^2r^2)[r^2+(4+4n-k_3^2r^2)\tau^2]H_{n-3}^{(1)}(k_3r)-$$

$$\frac{\mu}{k_3^2R_1^4}\Big\{8(n-2)(n-1)n(n+1)r^2-6k_3^2r^4n(n-1)+k_3^4r^6\Big\}H_{n-1}^{(1)}(k_3r)-$$

$$\frac{\mu\tau^2}{k_3^2R_1^4}\Big\{32(n-2)(n-1)n(n+1)^2-8k_3^2r^2(n-1)n(n+1)^2+2k_3^4r^4[2+3n(n-1)]-k_3^6r^6\Big\}H_{n-2}^{(1)}(k_3r);$$

$$Q_{54}^{(i)} = u_{\mathrm{sd}}[2n(n+1)H_n^{(i)}(k_\alpha R_1)-2nk_\alpha R_1H_{n-1}^{(i)}(k_\alpha R_1)]$$

$$Q_{55}^{(i)} = u_{\mathrm{sd}}\Big\{[-2n(n+1)+k_\beta^2R_1{}^2]H_n^{(i)}(k_\beta R_1)+2k_\beta R_1H_{n-1}^{(i)}(k_\beta R_1)\Big\};$$

$$M_4 = \frac{\varepsilon_n\varphi_0}{k_1^2R_1{}^4}\mathrm{e}^{\frac{in\pi}{2}}\Big\{-k_1^6R_1^6(\lambda_c+2\mu+\alpha M\varepsilon_1)\tau^2+8\mu(n-2)(n-1)n(n+1)[R_1^2+4(n+1)\tau^2]\Big\}J_{n-2}(k_1R_1)+$$

$$2(n-1)\frac{\varepsilon_n\varphi_0}{R_1{}^2}\mathrm{e}^{\frac{in\pi}{2}}\Big\{R_1^2\Big\{4\lambda_c-2n\lambda_c+4\mu-5n\mu-2M(n-2)[-\alpha+(-1+\alpha)\varepsilon_1]\Big\}-4\mu n(n+1)^2\tau^2\Big\}J_{n-2}(k_1R_1)+$$

$$k_1^2\varepsilon_n\varphi_0\mathrm{e}^{\frac{in\pi}{2}}\Big\{R_1^2[-\alpha M+\lambda_c+2\mu+M(-1+\alpha)\varepsilon_1]+2\Big\{2(n-2)(n-1)\lambda_c+[6+\mu n(-9+5n)]+$$

$$2\alpha M\varepsilon_1(n-2)(n-1)\Big\}\tau^2\Big\}J_{n-2}(k_1R_1)-\frac{2\varepsilon_n\varphi_0}{k_1R_1^3}\mathrm{e}^{\frac{in\pi}{2}}\Big\{k_1^4R_1^4[(n-1)\lambda_c+(2n-1)\mu+(n-1)\alpha M\varepsilon_1]\tau^2+$$

$$2\mu n(n+1)(n-1)[R_1^2+4(n+1)\tau^2]\Big\}J_{n-1}(k_1R_1)-\frac{2\varepsilon_n\varphi_0k_1}{R_1}\mathrm{e}^{\frac{in\pi}{2}}\Big\{R_1^2\Big\{\lambda_c+\mu-n(\lambda_c+2\mu)-(n-1)M[\alpha(\varepsilon_1-1)-\varepsilon_1]\Big\}-$$

$$2\mu n(n+1)^2\tau^2\Big\}J_{n-3}(k_1R_1);$$

$$
\begin{aligned}
P_{4j} = &\frac{1}{k_j^2R_1^4}\left\{-k_j^6R_1^6(\lambda_c+2\mu+\alpha M\varepsilon_j)\tau^2+8\mu(n-2)(n-1)n(n+1)[R_1^2+4(n+1)\tau^2]\right\}H_{n-1}^{(1)}(k_jR_1)+\\
&2(n-1)\frac{1}{R_1^2}\left\{R_1^2\left\{4\lambda_c-2n\lambda_c+4\mu-5n\mu-2M(n-2)[-\alpha+(-1+\alpha)\varepsilon_j]\right\}-4\mu n(n+1)^2\tau^2\right\}H_{n-2}^{(1)}(k_jR_1)+\\
&k_j^2\left\{R_1^2[-\alpha M+\lambda_c+2\mu+M(-1+\alpha)\varepsilon_j]+2\left\{2(n-2)(n-1)\lambda_c+[6+\mu n(-9+5n)]+\right.\right.\\
&\left.\left.2\alpha M\varepsilon_j(n-2)(n-1)\right\}\tau^2\right\}H_{n-2}^{(1)}(k_jR_1)-\frac{2\tau^2}{k_jR_1^3}k_j^4R_1^4[(n-1)\lambda_c+(2n-1)\mu+(n-1)\alpha M\varepsilon_j]H_{k_jR_1}^{(1)}-\\
&\frac{1}{k_j^2R_1^4}\left\{2\mu n(n+1)(n-1)[R_1^2+4(n+1)\tau]+\left\{k_j^2R_1^4\left\{\lambda_c+\mu-n(\lambda_c+2\mu)-(n-1)M[\alpha(\varepsilon_j-1)-\varepsilon_j]\right\}-\right.\right.\\
&\left.\left.2\mu n(n+1)^2k_j^2R_1^2\tau^2\right\}\right\}H_{n-3}^{(1)}(k_3R_1);
\end{aligned}
$$

$$
\begin{aligned}
P_{43} = &\frac{2\mu n}{k_3^2R_1^4}\left\{-16(n-2)(n-1)(n+1)^2\tau^2+k_3^2R_1^4[3(n-1)+k_3^2(1-3n)\tau^2]+4(n^2-1)R_1^2[2-n+k_3^2(1+n)\tau^2]\right\}\\
&H_{n-2}^{(1)}(k_3R_1)+\frac{2\mu nR_1}{k_3R_1^4}(-2+2n^2-k_3^2R_1^2)[R_1^2+(4+4n-k_3^2R_1^2)\tau^2]H_{n-3}^{(1)}(k_3R_1);
\end{aligned}
$$

$$P_{44}^{(i)} = [2n(n+1)\mu_{sd}-k_\alpha^2R_1^2(\lambda_{sd}+2\mu_{sd})]H_n^{(i)}(k_\alpha R_1)-2\mu_{sd}k_\alpha R_1H_{n-1}^{(i)}(k_\alpha R_1);$$

$$P_{45}^{(i)} = 2n\mu_{sd}k_\beta R_1H_{n-1}^{(i)}(k_\beta R_1)-2n(n+1)\mu_{sd}H_n^{(i)}(k_\beta R_1);$$

$$S_{64}^{(i)} = [2n(n+1)\mu_{sd}-k_\alpha^2R_2^2(\lambda_{sd}+2\mu_{sd})]H_n^{(i)}(k_\alpha R_2)-2\mu_{sd}k_\alpha R_2H_{n-1}^{(i)}(k_\alpha R_2);$$

$$S_{65}^{(i)} = 2n\mu_{sd}k_\beta R_2H_{n-1}^{(i)}(k_\beta R_2)-2n(n+1)\mu_{sd}H_n^{(i)}(k_\beta R_2);$$

$$T_{74}^{(i)} = 2n(n+1)H_n^{(i)}(k_\alpha r)-2nk_\alpha rH_{n-1}^{(i)}(k_\alpha r);$$

$$T_{75}^{(i)} = 2k_\beta rH_{n-1}^{(i)}(k_\beta r)+[-2n(n+1)+k_\beta^2r^2]H_n^{(i)}(k_\beta r)。$$

式中：下标 $j=1,2$，当 $j=1$ 时，快波波数为 k_1；当 $j=2$ 时，慢波波数为 k_2。上标 $i=1,2$，当 $i=1$ 时，表示第一类 Hankel 函数；当 $i=2$ 时，表示第二类 Hankel 函数。

附录 B

$$G_{1j} = k_j^2(k_j^2\tau^2 - 1)(\lambda_c + \mu + \varepsilon_j \alpha M + \mu\cos 2\theta_{\alpha j});$$

$$G_{13} = k_3^2\mu(k_3^2\tau^2 - 1)\sin 2\theta_\beta;$$

$$G_{2j} = -k_j^2\mu(k_j^2\tau^2 - 1)\sin 2\theta_{\alpha j};$$

$$G_{23} = k_3^2\mu(k_3^2\tau^2 - 1)\cos 2\theta_\beta;$$

$$G_{3j} = k_j^2 M(\xi_j + \alpha), E_j^{(i)} = k_j^2(\alpha + \varepsilon_j)C_m^{(i)}(k_j r_2);$$

$$E_{hj}^{(i)\pm} = \mp\frac{2m\mu}{k_1^2 b^6}\left\{-k_j b(-2 + 2m^2 - k_j^2 b^2)[b^2 + (4 + 4m - k_j^2 b^2)\tau^2]C_{m-3}^{(i)}(k_j b)\right\} \pm \frac{2m\mu}{k_1^2 b^6}\left\{16(m-2)(m-1)(m+1)^2\tau^2 - 4b^2(m^2 - 1)[2 - m + k_j^2(m+1)\tau^2] + k_j^2 b^4[3 - 3m + k_j^2(3m-1)\tau^2]\right\}C_{m-2}^{(i)}(k_j b);$$

$$E_{h3}^{(i)} = \frac{\mu\sin m\theta_2}{b_2^4}\left\{2k_3 b[b^2 + (4 + 4m^2 - k_3^2 b^2)\tau^2]C_{m-1}^i(k_3 b) - \left\{2m(1+m)b^2 - k_3^2 b^4 + [8m(1+m)^2 - 2k_3^2 b^2(2 + m + m^2) + k_3^4 b^4]\tau^4\right\}C_m^i(k_3 b)\right\};$$

$$E_{h3}^{(1)} = -\frac{\mu\cos m\theta}{16k_3 b^5}\left\{k_3^5 b^5\tau^2 H_{m-4}^{(1)}(k_3 b) - k_3 b\left\{32m(m+1)b^2 - 16k_3^2 b^4 + \left\{128m(m+1)^2 - 4k_3^2 b^2[10 + m(7m+13)] + 15k_3^4 b^4\right\}\tau^2\right\}C_{m-2}^{(1)}(k_3 b)\right\} - \frac{\mu\cos m\theta}{8k_3 b^5}\left\{-16mb^2(2 - 2m^2 + k_3^2 b^2) + [128(m-1)m(m+1)^2 - 32k_3^2 b^2 m(m+1)^2 + k_3^4 b^4(17m - 3)]\tau^2\right\}C_{m-1}^{(1)}(k_3 b);$$

$$E_{h1j}^{(i)} = \frac{\cos m\theta_2}{k_j^3 b^7}k_j b\left\{-32m^5\mu\tau^2 + 8m^4\mu[4\tau^2 + b^2(k_j^2\tau^2 - 1)] + 8m^3\mu[12\tau^2 + b^2(2 + k_j^2\tau^2)] + \right.$$

$$k_j^2b^4\left\{\lambda_c(k_j^2b^2-8)(k_j^2\tau^2-1)+2\mu\left\{4+k_j^2\left[-b^2+(k_j^2b^2-8)\tau^2\right]\right\}+M(k_j^2b^2-8)(k_j^2\tau^2-1)\alpha\xi_j\right\}\Big\}C_{m-4}(k_jb)-$$

$$\frac{\cos m\theta}{k_j^3b^7}k_jb\Big\{2m^2\left[-\mu b^2(5k_j^2b^2+4)+\mu(16+4k_j^2b^2+5k_j^4b^4)\tau^2+2k_j^2b^2(k_j^2\tau^2-1)(\lambda_c+\alpha\xi_jM)\right]+$$

$$2m\left[-\mu b^2(9k_j^2b^2+8)+\mu(-32-4k_j^2b^2+9k_j^4b^4)\tau^2+6k_j^2b^4(k_j^2\tau^2-1)(\lambda_c+\alpha\xi_jM)\right]\Big\}C_{m-4}(k_jb)+$$

$$\frac{2\cos m\theta_2}{k_j^3b^7}\Big\{32m^6\mu\tau^2+8m^4\mu b^2(k_j^2\tau^2-5)+8m^5\mu\left[b^2-(16+k_j^2b^2)\tau^2\right]+k_j^2b^4\Big\{4\lambda_c(k_j^2b^2-6)(k_j^2\tau^2-1)+$$

$$\mu\left\{24+k_j^2\left[-7b^2+(-36+7k_j^2b^2)\tau^2\right]\right\}+4\alpha\xi_jM(k_j^2b^2-6)(k_j^2\tau^2-1)\Big\}\Big\}C_{m-3}(k_jb)+$$

$$\frac{4m\cos m\theta_2}{k_1^3b^7}\left[2\mu b^2(-12-15k_j^2b^2+k_j^4b^4)-2\mu(48+4k_j^2b^2-17k_j^4b^4+k_j^6b^6)\tau^2-\right.$$

$$\left.k_j^2b^4(k_j^2b^2-22)(k_j^2\tau^2-1)(\lambda_c+\alpha\xi_jM)\right]C_{m-3}(k_jb);$$

$$E_{h23}^{(i)}=\frac{2m\mu b}{k_3}(-2+2m^2-k_3^2b^2)\left[b^2+(4+4m-k_3^2b^2)\tau^2\right]C_{m-3}^{(i)}(k_3b)+\frac{2m\mu}{k_3^2}\Big\{16(m-2)(m-1)(m+1)^2\tau^2-$$

$$4(m^2-1)b^2\left[2-m+k_3^2(m+1)\tau^2\right]+k_3b^4\left[3-3m+k_3^2(3m-1)\tau^2\right]\Big\}C_{m-2}^{(i)}(k_3b);$$

$$E_{a1,\alpha}^{(i)}=\frac{\cos n\theta_1}{k_\alpha R_2^3}\Big\{k_\alpha R_2\left[-2\mu_l n(1+n)+k_\alpha^2R_2^2(\lambda_l+2\mu_l)\right]C_{n-2}^{(i)}(k_\alpha R_2)+2\Big\{2\mu_l n(n^2-1)+k_\alpha^2R_2^2\left[\lambda_l+\mu_l-(\lambda_l+2\mu_l)n\right]\Big\}C_{n-1}^{(i)}(k_\alpha R_2)\Big\};$$

$$E_{a1,\beta}^{(i)\pm}=\pm\frac{2\mu n\cos n\theta}{R_2^2}\left[k_\beta R_2C_{n-1}^{(i)}(k_\beta R_2)-(n+1)C_n^{(i)}(k_\beta R_2)\right];$$

$$E_{a2,\alpha}^{(i)\pm}=\pm\frac{2\mu_l n\sin n\theta_1}{R_2^2}\left[-k_\alpha R_2C_{n-1}(k_\alpha R_2)+(n+1)C_n(k_\alpha R_2)\right];$$

$$E_{a2,\beta}^{(i)}=\frac{\mu_l\sin n\theta_1}{k_\beta R_2^3}\Big\{k_\beta R_2(2n(n+1)-k_\beta^2R_2^2)C_{n-2}(k_\beta R_2)+2n(2-2n^2+k_\beta^2R_2^2)C_{n-1}(k_\beta R_2)\Big\};$$

$$E_{r1,j}^{(i)}=k_j\left[C_{n-1}^{(i)}(k_jR_1)-C_{n+1}^{(i)}(k_jR_1)\right];$$

$$E_{r2,3}^{(i)\pm}=\pm\frac{2nC_n^{(i)}(k_3R_1)}{R_1};$$

$$E_{sr1,j}^{(i)} = k_j[C_{n-1}^{(i)}(k_jR_1) - C_{n+1}^{(i)}(k_jR_1)];$$

$$E_{sr2,j}^{(i)\pm} = \pm\frac{2nC_n^{(i)}(k_jR_1)}{R_1};$$

$$E_{\theta1,j}^{(i)\pm} = \pm\frac{nC_n^{(i)}(k_1R_1)}{R_1};$$

$$E_{\theta2,3}^{(i)} = \frac{1}{2}k_3[-C_{n-1}^{(i)}(k_3R_1) + C_{n+1}^{(i)}(k_3R_1)];$$

$$E_{s\theta1,j}^{(i)\pm} = \pm\frac{nC_n^{(i)}(k_jR_1)}{R_1};$$

$$E_{s\theta2,j}^{(i)} = \frac{1}{2}k_j[-C_{n-1}^{(i)}(k_jR_1) + C_n^{(i)}(k_jR_1)];$$

$$\begin{aligned}
E_{p1,j}^{(i)} = & -\frac{2\mu}{k_j^2R_1^6}[4(n-2)(n-1)n(n+1)R_1^2 - k_j^2R_1^4(n-1)(5n-4) + k_j^4R_1^6]C_{n-4}(k_jR_1) - \\
& \frac{2\mu\tau^2}{k_j^2R_1^6}\left\{16(n-2)(n-1)n(n+1)^2 - 4k_j^2R_1^2(n-1)n(n+1)^2 + k_j^4R_1^4[6+n(5n-9)] - k_j^6R_1^6\right\}C_{n-4}(k_jR_1) - \\
& \frac{1}{R_1^2}[8+4n(n-3) - k_j^2R_1^2]\left\{\lambda_c(k_j^2\tau^2 - 1) + M[\alpha + \xi_j + (k_j^2\tau^2 - 1)\xi_j\alpha]\right\}C_{n-4}(k_jR_1) + \\
& \frac{2\mu}{k_j^3R_1^5}[8(n-3)(n-2)(n-1)n(n+1) - 12k_j^2R_1^2(n-2)(n-1)^2 + k_j^4R_1^4(4n-7)]C_{n-3}(k_jR_1) + \\
& \frac{2\mu\tau^2}{k_j^3R_1^7}\left\{32(n-3)(n-2)(n-1)n(n+1)^2 - 8k_j^2R_1^2(n-2)(n-1)n(n+1)^2 + 4k_j^4R_1^4(n-1)[9+n(3n-8)] + \right. \\
& \left. k_j^6R_1^6(7-4n)\right\}C_{n-3}(k_jR_1) - \frac{4}{k_j^1R_1^3}(n-2)[-6-2n(n-4) + k_j^2R_1^2]\left\{\lambda_c(k_j^2\tau^2 - 1) + \right. \\
& \left. M[\alpha + \xi_j + (k_j^2\tau^2 - 1)\xi_j\alpha]\right\}C_{n-3}(k_jR_1);
\end{aligned}$$

$$E_{p2,3}^{(i)\pm} = \mp \frac{2n\mu \sin n\theta_1}{k_3^2 R_1^6}(-2+2n^2-k_3^2R_1^2)[R_1^2+(4+4n-k_3^2R_1^2)\tau^2]C_{n-3}^{(i)}(k_3R_1) \pm$$

$$\frac{2n\mu \sin n\theta}{k_3^2 R_1^6}\left\{16(n-2)(n-1)(n+1)^2\tau^2-4R_1^2(n^2-1)[2-n+k_3^2(n+1)\tau^2]C_{n-2}^{(i)}(k_3R_1)\right\} \pm$$

$$\frac{2n\mu \sin n\theta_1}{k_3^2 R_1^6}\left\{k_3^2R_1^4[3-3n+k_3^2(3n-1)\tau^2]C_{n-2}^{(i)}(k_3R_1)\right\};$$

$$E_{k1,j}^{(i)\pm} = \mp \frac{2n\mu \sin n\theta}{k_j R_1^5}(-2+2n^2-k_j^2R_1^2)[R_1^2+(4+4n-k_j^2R_1^2)\tau^2]C_{n-3}^{(i)}(k_jR_1) \pm$$

$$\frac{2n\mu \sin n\theta}{k_j^2 R_1^6}\left\{16(n-2)(n-1)(n+1)^2\tau^2-4(n^2-1)R_1^2[2-n+k_j^2(n+1)\tau^2]\right\}C_{n-2}^{(i)}(k_jR_1)+$$

$$\frac{2n\mu \sin n\theta}{R_1^2}[3-3n+k_j^2(3n-1)\tau^2]C_{n-2}^{(i)}(k_jR_1);$$

$$E_{k2,3}^{(i)} = \frac{\mu \cos n\theta}{R_1^4}\left\{2k_3R_1[R_1^2+(4+4n^2-k_3^2R_1^2)\tau^2]J_{n-1}(k_3R_1)-\left\{2n(n+1)R_1^2-k_3^2R_1^4+\right.\right.$$

$$\left.\left.[8n(n+1)^2-2k_3^2R_1^2(2+n+n^2)+k_3^4R_1^4]\tau^2\right\}J_n(k_3R_1)\right\};$$

$$E_{k3}^{(1)} = -\frac{\mu k_3^4\tau^2}{16}H_{n-4}^{(1)}(k_3R_1)+\frac{\mu}{16R_1^4}\left\{32n(n+1)R_1^2-16k_3^2R_1^4+\left\{128n(n+1)^2-4k_3^2R_1^2[10+n(7n+13)]+\right.\right.$$

$$\left.\left.15k_3^4R_1^4\right\}\tau^2\right\}H_{n-2}^{(1)}(k_3R_1)-\frac{\mu}{8k_3R_1^5}\left\{-16nR_1^2(2-2n^2+k_3^2R_1^2)+[128(n-1)n(n+1)^2-32k_3^2R_1^2n(n+1)^2+\right.$$

$$\left.k_3^4R_1^4(17n-3)]\tau^2\right\}H_{n-1}^{(1)}(k_3R_1);$$

$$E_{w1,j}^{(i)} = \frac{1}{2}k_j\varepsilon_j[C_{n-1}^{(1)}(k_jR_1)-C_{n+1}^{(1)}(k_jR_1)];$$

$$E_{w2,3}^{(i)\pm} = \pm\frac{n\varepsilon_3C_n^{(i)}(k_3R_1)}{R_1}。$$

附录 C

$$[\boldsymbol{D}]=\begin{bmatrix} K_0(\psi_1 r) & K_0(\psi_2 r) & 0 \\ 0 & 0 & K_0(\psi_3 r) \\ D_{11} & D_{12} & 0 \\ 0 & 0 & a_8 K_0(\psi_3 r) \end{bmatrix}$$

式中，$D_{1i}=(a_4 a_i-a_5)K_0(\psi_i r)$；其中，$K_0(\cdot)$ 代表第二类零阶修正 Bessel 方程。

$\psi_i=\sqrt{a_i+b_i^2}, i=1,2,3$；

$$a_{1,2}=\frac{a_6\pm\sqrt{a_6^2-4a_7}}{2};$$

$$a_3=\frac{\rho s^2 H_4-\rho_f^2 s^4}{H_3 H_4-\rho_f^2 s^4 \tau^2};$$

$$a_4=\frac{H_1 M-\alpha M H_2}{\rho_f s^2 M-H_2 H_4};$$

$$a_5=\frac{\rho s^2 M-\rho_f s^2 H_2}{\rho_f s^2 M-H_2 H_4};$$

$$a_6=\frac{H_1 H_4+\rho s^2 M-\rho_f s^2 \alpha M-\rho_f s^2 H_2}{H_1 M-\alpha M H_2};$$

$$a_7=\frac{\rho s^2 H_4-\rho_f^2 s^4}{H_1 M-\alpha M H_2};$$

$$a_8=-\frac{\rho_f s^2}{H_4}。$$

后 记

在本书付梓之际,内心本是波澜不惊的,而回想毕业至今,恍若昨日,实则已有六个春秋。六年前的春天,心中怀揣着梦想,眼神里却多少有些迷茫。刚踏入陌生的环境,且要适应身份的转变,这一切来得太快且不真实,也导致了我在很长一段时间里都没有足够好的工作状态。幸运的是,在徐长节教授的指导下,逐渐进入工作状态,"饱和土动力学"这个课题的选择其实也是徐老师给我指明的一个研究方向。因此,我一直以徐老师的学生自居,这一点似乎并不过分,而我也为有幸得到徐老师的指导倍感自豪。

徐老师对我影响最深的是对岩土工程认识上的思想转变。对于一名从力学专业毕业的博士来说,追求严谨的力学理论和优美的公式几乎成了我思考问题的首要切入点,而这一点也恰恰给我思考岩土工程问题套上了无形的枷锁。徐老师一直强调:岩土工程问题在关注可预测性的同时,更重要的则是实用性;然而,工程中一个简单实用的近似方法远胜于繁杂晦涩的精确理论。深受该思想的影响,我逐渐从力学思维过渡到工程思维上。徐老师对土木工程问题深刻的理解、独到的见解以及科学向生产的转化能力是我学习的榜样,对我的谆谆教诲和指导也是我踏入岩土工程这一领域不可多得的宝贵财富。

与此同时,感谢我攻读博士学位期间的两位导师:中国科学技术大学的李永池教授和香港城市大学的 C. W. Lim 教授。虽然李老师已经作古,但是他是我踏入科研大门的引路人。时至今日,他的音容依然清晰,他追求精致科研的态度也深深影响着我。博士生涯追随恩师 Lim 教授四年时间,深入学习了力学理论,如果说李老师引我踏入科研大门,那么带我走进科研殿堂的无疑就是 Lim 教授。Lim 教授的一言一行都深深影响着我,其恭谦的态度,对待工作一丝不苟的精神,都成了我日后为人处世和工作的准则。

工作后,令我尤为欣慰的是带了几个非常勤奋的研究生,丁海滨、杨园野、曾罗兰、王珏、齐博文等,他们同我一起攻坚克难,在取得成果的同时,也收获了很多交流的乐趣，感谢他们的努力与配合！在与他们相处过程中，让我感受更多的是一种温暖的友谊而非生硬的师生关系。同时，也要感谢加入华东交通大学岩土工程研究所以来支持、关心和帮助过我的所有同事，岩土所轻松的氛围、舒适的工作环境让我感到非常的开心。

最后，我要感谢我的母亲、妻子和兄妹，他们的支持一直是我强大的精神支柱。此书同时献给我的两个儿子，你们的到来温暖了这个家庭，也给我带来了无尽的奋斗动力。

童立红

2021 年 9 月 10 日

于华东交通大学